新潮文庫

# ゼロからトースターを作ってみた結果

トーマス・トウェイツ
村井理子訳

新潮社版

*10338*

ゼロからトースターを作ってみた結果　目次

プロローグ

第1章　解　体　Deconstruction……10
トースターの秘密を暴く　12
なぜトースターなのか？　26
ルール　36

第2章　鉄　Steel……46
鉱山のサンタクロース　48
500年前の教科書　54
砕け散る「鉄の花」　66
2つの勘違い　68
電子レンジとズル　74

第3章　マイカ
Mica ……… 86
イギリスの車窓から 88
ネットがなくても使える酔っぱらいがいた 92
神秘の山 93
第4章　プラスチック
Plastic ……… 100
化学の時間 102
工作の時間 110
料理の時間 115
歴史の時間 125
第5章　銅
Copper ……… 136
「泡」が人類に富と時間をもたらした？ 138
ウェールズへの旅 143

第6章　ニッケル　Nickel……156
いざロシアへ？　158
じゃあ、いざフィンランドへ？　160
ニッケルを取るか、命を取るか　163
カナダ万歳！　eBay万歳！　165
第7章　組み立て　Construction……170
トースターは完成した。でも……　172
僕は成功したのか？　174
値札には現れない「コスト」　177
君がもってるなら僕も欲しい　180
世界を救うにはトースターを作るしかない！　183
エピローグ　「ハロージャパン！」

自分の力でトースターを作ることはできなかった。
せいぜいサンドイッチぐらいしか彼には作ることができなかったのだ。
——ダグラス・アダムス『ほとんど無害』（１９９２年）

# プロローグ

やぁ。僕の名前はトーマス・トウェイツ。この度、僕はトースターを作ったんだ。時間にして9ヵ月、移動距離にして３０６０キロ、そして金額にして１１８７・５４ポンド（約15万円、２０１２年のレートで）をかけて。

ただの電気トースターに費やすには、明らかに多すぎる「出費」だ。でも、僕はただトースターを作ったわけじゃない。本当に作ったんだ。地中から原材料を掘り起こすところから始めて、お店に行けば4ポンド以下で手に入る、あのパンを焼く機械を作った。

ただ、当初の目標を完全に達成できたかというと、そうとも言いきれない。なぜなら、僕は「一人で」「完全に一から」トースターを作りあげるつもりだったからだ。どれほど自分の仕事を過大評価したとしても、その制約を守りきったとはとても言えない。多くの人の助けも借りたし、ちょっとしたルールの逸脱もあった。というか、今回僕が思い知らされたのは、そもそもそんなことは不可能だっていうことだ。
今僕は、ロンドン市内のカフェでこの文章を書いているわけだけど、目に映るすべて（まぁ、ウールの服や、木でできたテーブルなんかは違うのかもしれないけど）が、もともとは世界各地の地底に埋まっていた石ころや油だったものだ。このカフェがそういったコンセプトのお店だっていうわけじゃない。そうじゃなくて、もともと石や油だったものが、信じられないような技術で作り変えられたのが、ここにあるノートパソコン、趣味のよい木目調のフローリング、そしてトースターなんだってことが言いたいんだ。

いったい、どうやったら石ころがトースターになるんだ？

この根源的な疑問が、トースターを一から作るという、無謀な冒険に僕を駆り立てた。
個人の知識や能力と、専門家が作る製品の複雑さとの間にあるギャップは広がるばかりだ。僕たちが、身のまわりのものを自分たち自身の手で作ることができなくなってから、長い年月がたつ。少なくともそう思える。だけど、それはどうなんだろうか。

このトースターはイギリス国内だけではなく、青銅器時代から現代まで、文明の時空をめぐる旅に僕を連れだしてくれた。

以降が、その冒険の、そしてトースターのストーリーだ。

# 第1章

# Deconstruction
# 解体

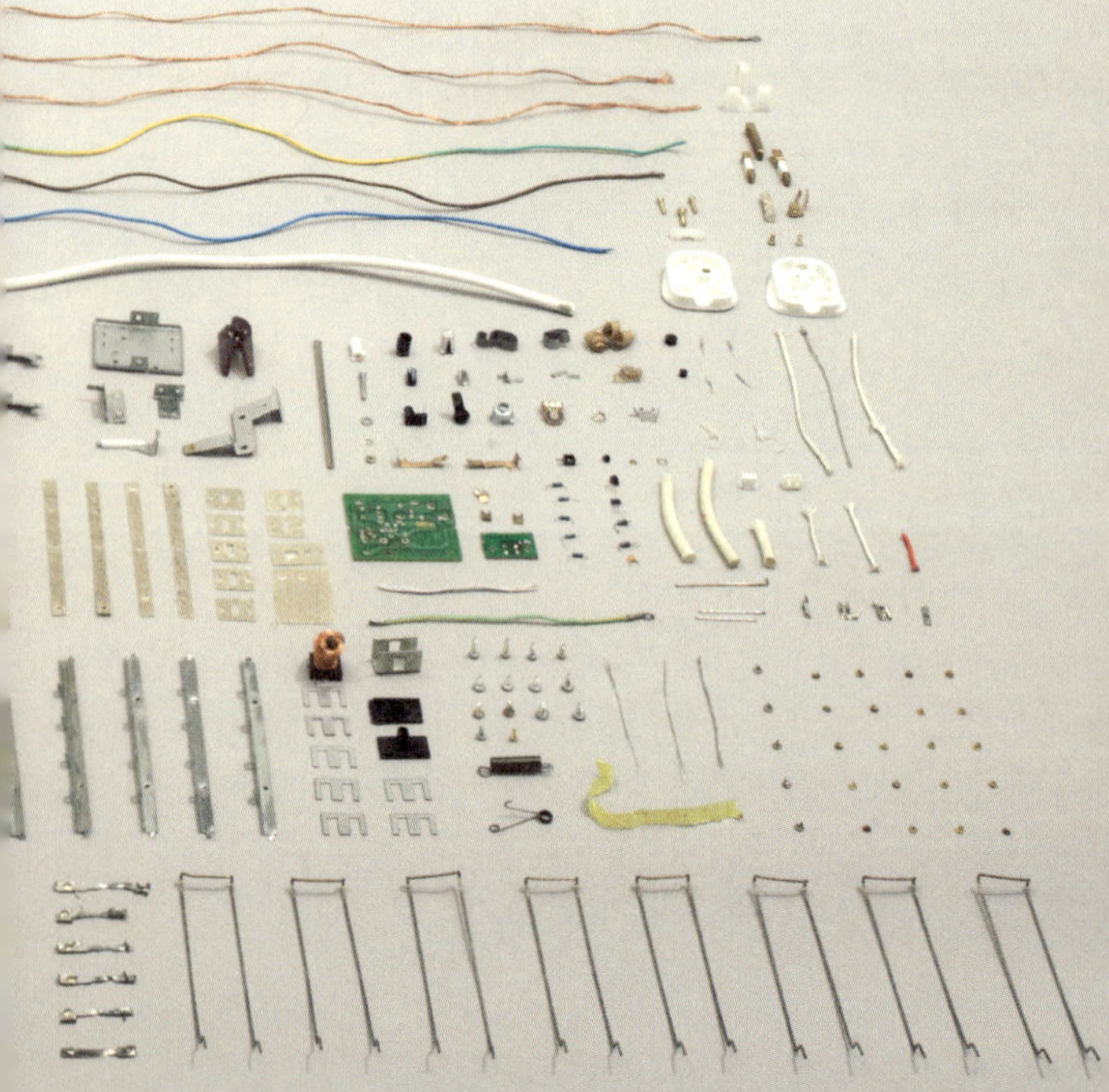

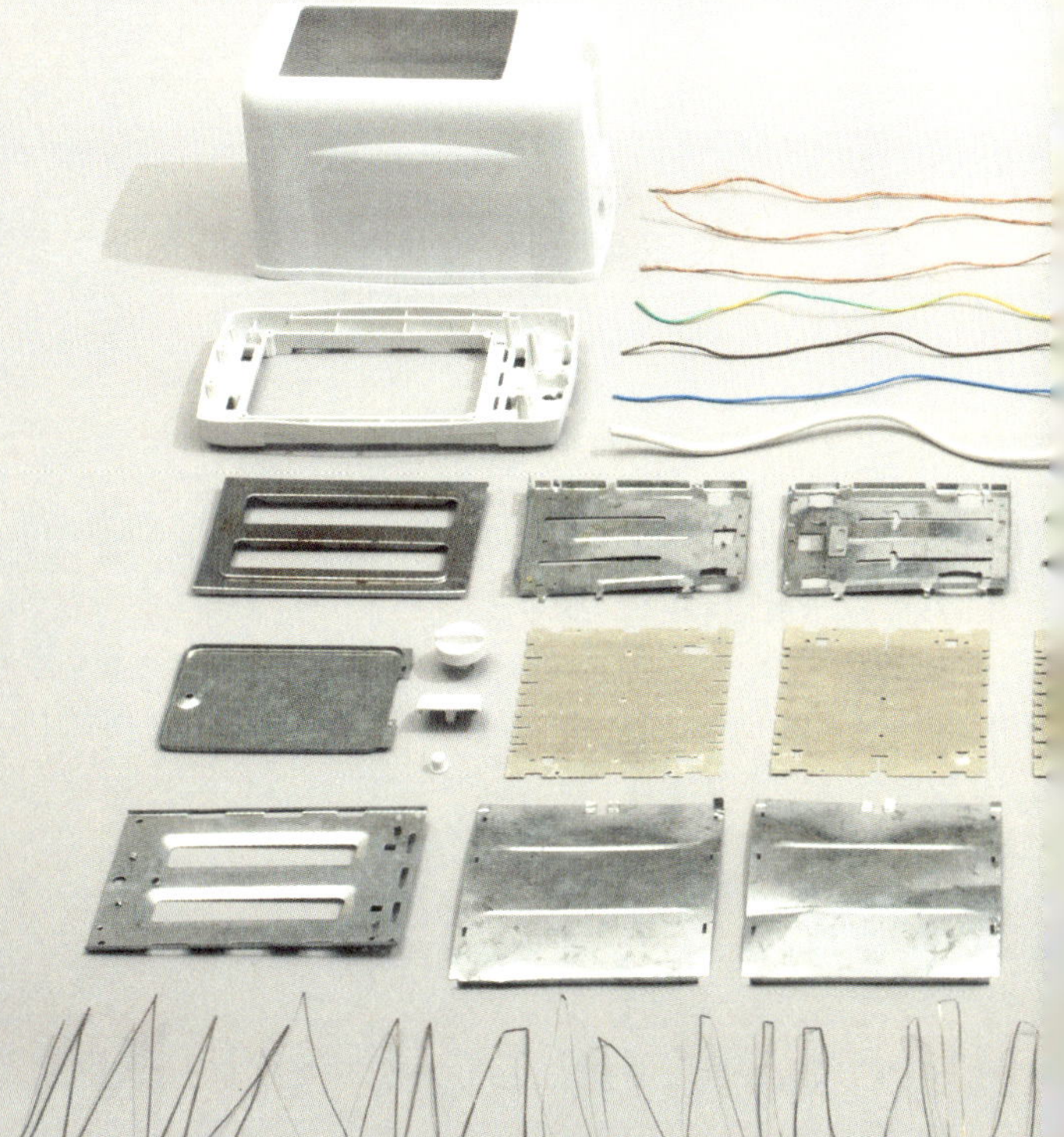

## トースターの秘密を暴《あば》く

このプロジェクトの第一歩として、僕は既製のトースターの「リバースエンジニアリング」を試みた。リバースエンジニアリングとは、分解することで、対象物の働きを推論するプロセスを指す。

安いトースターであるほど、使われているパーツも少なく、ゆえに再現するのも簡単なはずだという、根拠なき思い込みに則《のっと》り、僕は一番安いトースターを選び、それを分解することにした。

「アルゴス・バリュー・レンジ」、2枚同時に焼ける、白いトースターだ。さて、3ポンド94ペンス（約500円）のトースターのお手並みやいかに……。

根気強く分解を続けると、このトースターが157ものパーツからできていることがわかった。しかも、それらのパーツはサブパーツから作られており、そのサブパーツもやっぱりサブ・サブパーツから作られている。例えば、トースト時間を調節する可変レジスタは1つのパーツとしてカウントしていいのだろうか？　いや、8つのサブパーツからできているんだから、やっぱり8つじゃないのか？　コンデンサは1つ、それとも8つ？

薄いプラスチックのカバーをはがして、内部の金属の箱を開けてみた。箱に入っていたのは、金属のピンでそれぞれ固定された、とても薄い金属の切れ端2つと、濡《ぬ》れた紙のような妙な物体（なんかの薬品に浸されていたとか？）、そして回路基板にハンダづけするため飛びだしたピンを留めるゴムの栓だった。カラフルなプラスチックでコーティングされたうえで、さらに白いプラスチックのカバーが被《かぶ》せられた電源の送電線、中性線、アース線はどう数える？　その内側にある42本の銅の束は？

すべての部品を「バラ」になるまで分解すると、部品数は404個にのぼる。

アルゴス・バリュー・レンジ

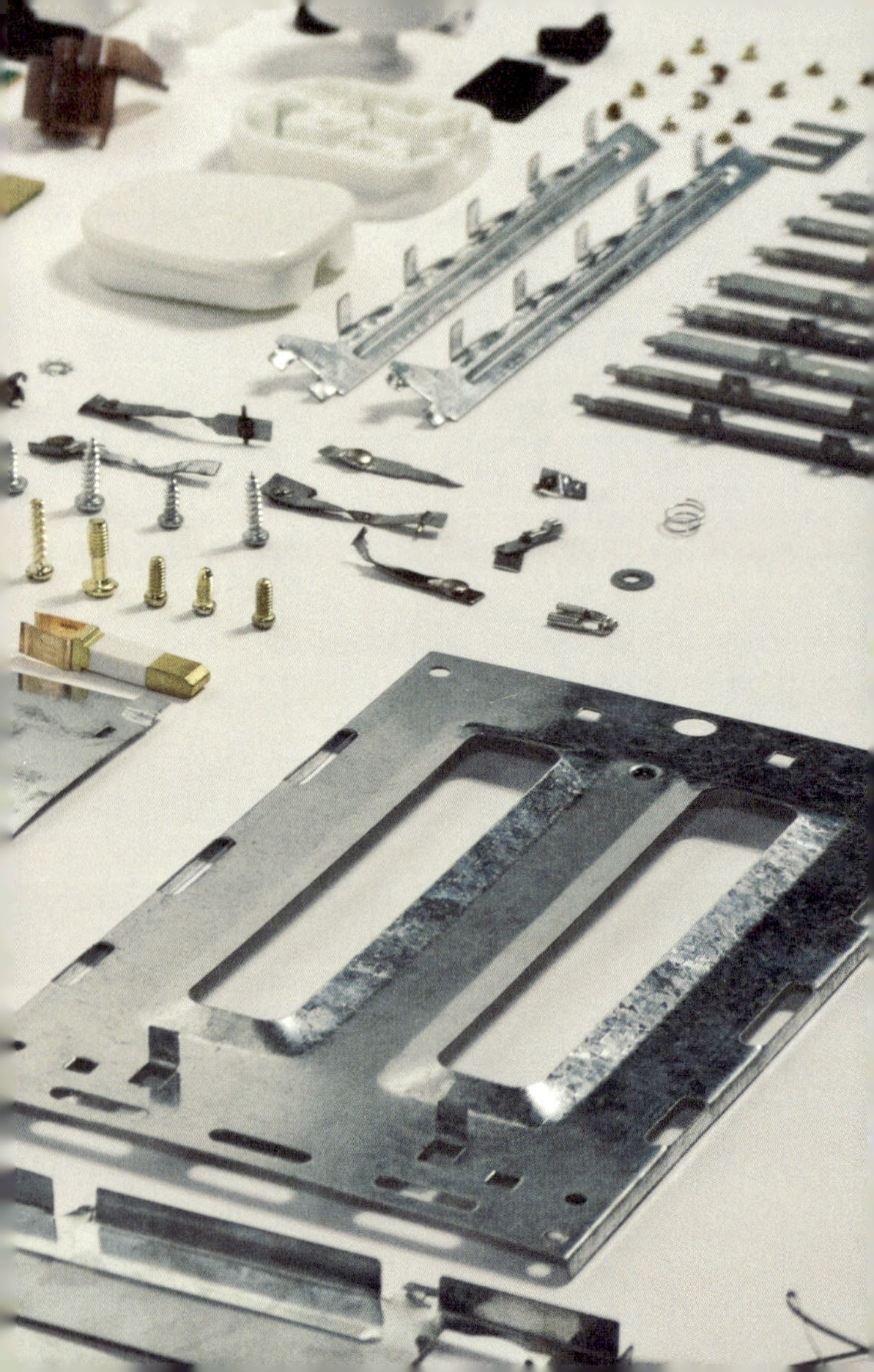

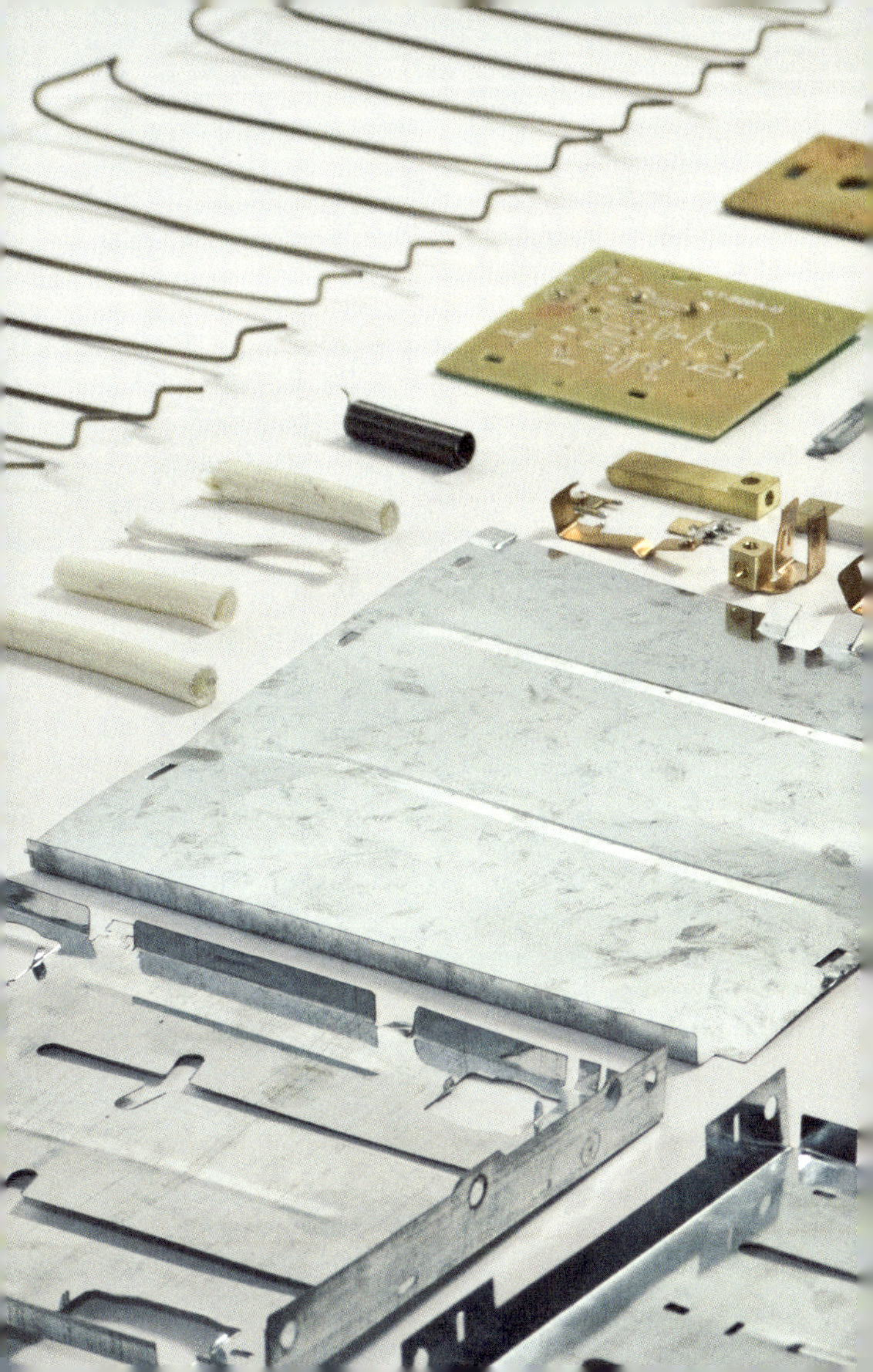

そして、そのバラになった部品を、材料別にわけようとすると、話はより難しくなってくる。正確な化学分析無しでは、2つのプラスチックが同じものなのか、あるいはまったく別のものなのかを判断することは、ほぼ不可能だからだ。これは金属でも同じだ。

さらに、このような実際的な難問に加えて、「そもそも『同じ』ってなんだ？」という哲学的疑問もある。ワイヤの茶、青、緑、そして黄色のストライプの絶縁カバーはたぶん同じプラスチックなのだろうけど、着色のために異なる色素を使ったはずだ。ということは、厳密に言えば、カバーはすべて異なった材料と考えられるのではないか？

簡単に区別できると考えていた金属も、同じように問題となった。

銅は区別できたし、真ちゅうの色をしたものは真ちゅうで作られていると推測できた。ただ、真ちゅう色のねじは磁気を帯びているのに対して、真ちゅう色のプラグのピンは磁気を帯びていない。僕の理解しているところによれば、鋼鉄は磁気を帯びているはず。でも、鉄に見える金属——つまり、銀色の金属——にも、磁気を帯びていないものは少なくない。トースターのなかで使われていた場所により、見た目はそっくりな2つの金属が異なった性質をもったり、同じ材質で作られているだろうと思えるパーツ（例えば2つのバネ）が、明らかに違うものだったりすることもある（第一、色が違うんだ）。

電子回路に関しても、わからないことだらけだ。トランジスタのなかの金属はなんだろう？　レジスタのなかの、あの白いものはなんだろう？　どのレジスタのなかにもある6色のバンドは、それぞれの電気抵抗率によって色分けされているけれど、あの塗料は何から作られているのだろう？　色素の原料はどこからきているのだろう？

とりあえず、その手のちょっとした違いは脇《わき》に置いておき、鋼鉄に見えるものは鋼鉄、真ちゅうに見えるものは真ちゅう、銅に見えるものは銅、とアバウトに金属類を分類し、プラスチックは質感が似たもの同士はすべて同じものだと見なし、電子回路の珍しい材料は無視したとしよう。それでも、僕がトースターを作るには最低でも38種類もの材料を集める必要がありそうだった。そのうち17種類は金属、18種類がプラスチック、2種類が鉱物（電源コードのなかのマイカとタルク粉）、そして残りの1つが「なんか妙なもの」（コンデンサのなかに入っていた濡れた紙のようなゴム）。化学者の分析を仰げば、材料の数は簡単に100種類を超えてしまいそうだ。

……マジかよ。

多少やっかいだろうとは思っていたけど、それにしたって、400種類以上のパーツとか本気？　１００種類以上の、どこからきたのかもわからない材料を揃《そろ》えろだって？　これだけ多くをつめ込んだものが、チーズ（それも高級じゃないやつ）の値段と変わらない、３ポンド94ペンスとかおかしいだろ？

いいだろう。そういうことなら、こいつに一生をかけてやろうじゃないか。１００種類の材料を探し求めて地球を旅し、凍《い》てつく氷河や南国の森、そして忘れ去られた湖で半導体を探す。全然悪くはないね。無精ヒゲを伸ばしてもいい。何年かして仲間の旅人に自分がしてきたことを話せば、そいつらが僕の伝説を触れまわってくれるはずだ。そのうちフェイスブックに「トースターを作るためにインドを放浪する型破りなイギリスヒゲ男のファン」なんてグループができてさ……。

……できるわけないだろ。

でも、そうする代わりに、いくつかの材料を置きかえるという手もある。

まずは発熱体だ。それはすべてのトースターのなかにある、熱い情熱。発熱体がない＝熱くならない＝トーストしないということだ。いくつかのリサーチにより、僕はほとんどのトースターの発熱体が、ニクロムと呼ばれる、ニッケル・クロム合金の抵抗線で作られていることを突き止めた。ニクロムが使われている理由は、電気抵抗が高く、電流が流れるときに熱を発し、同時に融点が高いため、発熱しても溶けないという性質をもつからだ。

ただ残念なことに、もう少しリサーチを進めた結果、クロムを鉱石から取りだす過程で六価クロムと呼ばれる副産物が生成されてしまうことがわかった。もし、映画『エリン・ブロコビッチ』をまだ見ていないなら、次にテレビで放映されるときにでも見て欲しい。実話に基づく映画で、PG&E社の工場で使用されていた六価クロムが原因で体調不良に苦しんでいた人々の代わりに、その巨大企業を相手に訴訟を起こした法律事務所に勤める行動的な女性をジュリア・ロバーツが演じている。

ジュリアがダメと言うのなら、ダメなんだろう。

もっとも、発熱体はそれがなくても作れる。銅とニッケルの合金で、55%が銅で45%がニッケルであるコンスタンタンからも作ることができ、ありがたいことに健康への悪影響もない。危険なクロムを、どのみちワイヤに必要になる銅に置きかえることができて一石二鳥だ。

プラグピンに必要な真ちゅうは、銅とわずかな亜鉛の合金だ。ただ、亜鉛はどうも馴染《なじ》みがないし、正直なところ、あえて合金でなければいけない理由も見つからない。だから、亜鉛は忘れて、ただの銅を使うことにした。それから……。

僕は、僕の考える「まっとうに『トースター的』なトースター」を作るための材料を、最小限まで絞り込むことにした。それは以下の通りだ。

僕は鉱山に赴き、鉄鉱石を集め、どうにかして自分で鉄を抽出して、それをまたど

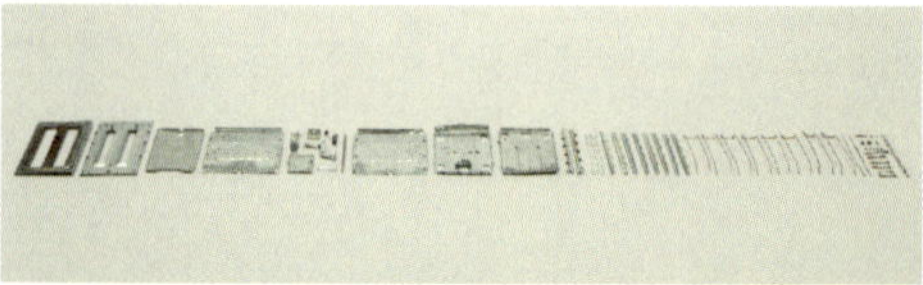
鋼鉄

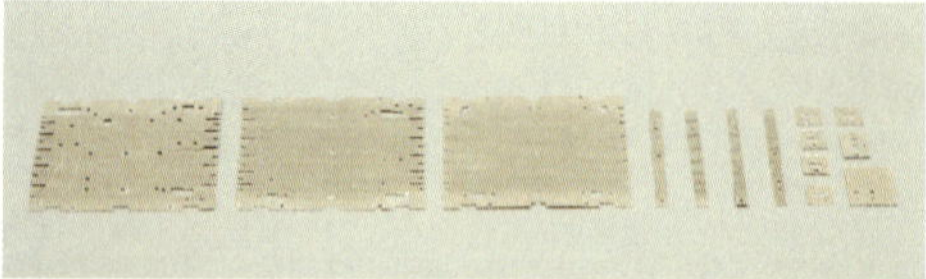
マイカ

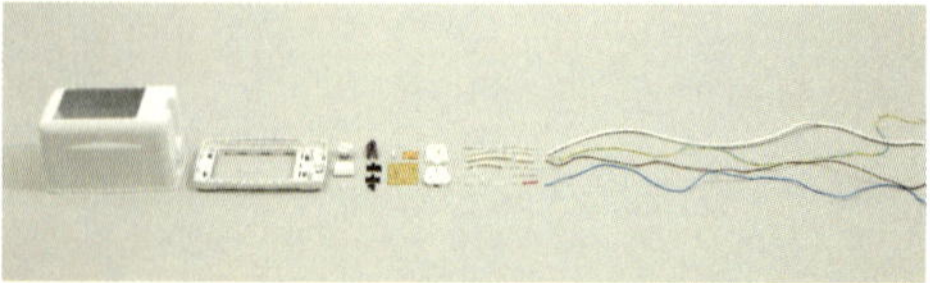
プラスチック

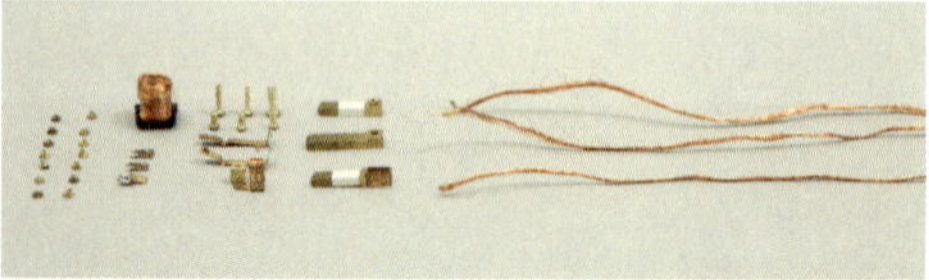
銅

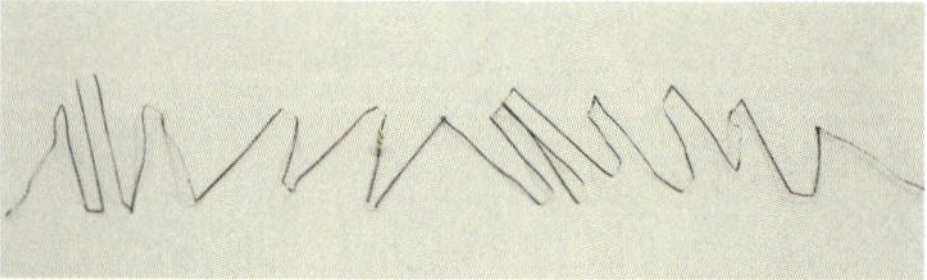
ニッケル

うにかして鋼鉄に変えなければならない。マイカ、銅、ニッケルも同じだ。そして、プラスチックの筐体《きょうたい》の分子を精製するために、原油も手に入れなければならない。

……はっきり言ってできる気がしない。誰か助けて……。

From: Thomas Thwaites<thomas@thomasthwaites.com>
To: j.j.cilliers@imperial.ac.uk
Date: 7 November 2008 02:08
Subject: The Toaster Project

シリアーズ教授

はじめまして。トーマス・トウェイツと言います。ロイヤル・カレッジ・オブ・アート大学院でデザインを学んでいます（インペリアル・カレッジ〔王立鉱山学校〕の教授のオフィスから見ると、ちょうどロイヤル・アルバート・ホールの向かい側に校舎があります）。藪《やぶ》から棒に連絡をして申し訳ありません。じつは、電気トースターを原材料から作ってみようと考えていて、アドバイスを頂ければと思っています。

まずは僕のアイデアが「救いようのないほど野心的」なのか、それとも単に「野心的」なのかを理解しなければいけないと思っています。一度そちらにお邪魔して、僕のプロジェクトの全体像について、少しお話しさせていただくことはできるでしょうか？

よろしくお願いします。

トーマス

＊　＊　＊

From: Cilliers, Jan JIR<j.j.cilliers@imperial.ac.uk>
To: thomas@thomasthwaites.com
Date: 7 November 2008 07:16
Subject: Re:The Toaster Project

トーマス

じつに素晴らしい！　好きなときに会いにきなさい。できることがあれば、なんでも手伝おうじゃないか。

まずは０７＊＊＊＊＊＊＊＊＊まで電話をするか、メールを送ってきなさい。

ジャン

インペリアル・カレッジ、ロンドン
2008年11月7日金曜日

　ジャン・シリアーズ教授は、インペリアル・カレッジで選鉱工程を教えていて、リオ・ティント・センターの高度鉱物回収局の局長で、そして、最高にいい人だった。彼は学校の談話室で僕にフィッシュ・アンド・チップスをおごってくれたんだ。
　これから先は、僕らの会話をまとめたものとなる。簡潔さを優先し、時間にして30分ほどの、「ええと」、「うーん」、「ハイ」、「そうですね」、「あの」といった僕のつぶやきの大部分は削除した。

**シリアーズ教授**（以下・教授）　それで、このトースターについてだが、私自身は何世代ものトースターと呼ばれるものを見てきている。私が住んでいた家にあった最初のトースターには小さなドアがついていたんだ。そのドアを開けると、パンが勝手にでてくる。知ってるかい？
――ええと……その……知りません。
**教授**　私がそれを聞いたのは、その種類のトースターは現代のトースターよりも作りやすいと思ったからなんだ。まさか、君はポップアップ・トースターを考えているわけじゃないだろ？

――いや、是非ポップアップ・トースターを作ってみたいと考えてまして。

**教授**　冗談だろ。

――というか、トランジスタにしても、抵抗器にしても、コンデンサにしても、最初は誰かが一から作ったわけですよね？　だったら、僕にだってできるはずだと思うんです。

**教授**　ということは、電源を入れて動かしたいということかい？　君はケーブルとかも作ろうっていうのか……？

ジャン・シリアーズ教授

――（頷《うなず》く）

**教授**　そうか。まぁ、いいだろう。時間はどれぐらいある？

――来年の夏の卒業制作展までです。

**教授**　なるほど。それで、なぜトースターなんだい？

――そうですね、なぜかと言うと、トースターってすぐに壊れるからだと思います（これが酷《ひど》い答えだってことは僕もわかっていた。シリアーズ教授は、明らかにこの根本的な疑問に対する、より明確な答えを求めていた。途方に暮れた僕は、抽象論ではぐらかすことにした）。そして、そうですね、トースターってなんかいいじゃないですか（あーあ、「なんかいいじゃないですか」、だってさ）。

## なぜトースターなのか？

あのときシリアーズ教授には言わなかったけれど、僕が考えていたのはこんなことだ。

僕がトースターを、それも電気トースターを作りたい理由は、電気トースターが、近代の消費文化の象徴であるように思えるからだ。

トースターは今や、パンを焼いて食べる習慣をもつすべての人のキッチンで、主力として活躍している。トースターがいかにしてこの地位までのぼりつめたのかを知るためには、その歴史を振りかえる必要がある。

世界で最初のトースターがどのようなものであったかは、当然ながらはっきりしていない。たぶん、棒の端に刺したパンを焼いたたき火が史上初の「トースター」だったんじゃないかと思う。古代ローマでパンをトーストすることは、パンの保存方法として一般的だったんだ（ちなみに、トーストの語源でもある"tostum"とはラテン語で「燃やす」という意味ね）。

しかしながら、パンをトーストする行為が本格的に普及したのは、1900年代初めに電気トースターが発明されて以降だ。

トースターが生み出される数十年前から、電気が人々の生き方を変え始めていた。1882年、エジソン・エレクトリック・イルミネーティング・カンパニー（エジソン電灯会社）が契約者の800個の電球を点《つ》けるため、ニューヨークに最初の中央発電所を建設し、同年には、ロンドンで初めて建設された発電所（ホルボーン高架橋近く）が、街灯や発電所近くの数軒の家に電力を供給するために稼働《かどう》し始めた。

もっとも、電気を供給する側は、常に悩ましい問題を抱えていた。電力需要の大きすぎる浮き沈みだ。電気消費量は早朝わずかに上昇し、日中はほとんどゼロとなり、そして夕方、暗くなり始めるとピークを迎える。でも、大きな発電所が時間毎《ごと》に電力を調整したり、作りだしたエネルギーを蓄えておいたりすることは、現実的でも経済的でもなかった（基本的には、今でもそうだ）から、供給側は常にピーク値の電力を供給し続けなければならなかったんだ。

それゆえ、ピークの時間以外でも需要を増やす必要があった。そして、それを見事にやってのけたのが家電製品だったわけだ。供給量を減らせない、あるいは減らすことを望まないのなら、需要をでっちあげればいいという発想だ。とっても20世紀的な考え方だとは思わない？

１９００年代初め、ＡＥＧ社（現在はElectrolux社傘下《さんか》のブランド名）は電力の供給業者として事業を行っていた。そんな彼らが１９０７年に、日中の電気需要拡大のコンサルタントとして雇ったのが、ペーター・べーレンス。世界初の工業デザイナーとして知られている人物だ。

日中でも人々に電気を使ってもらうために、彼が作ったものは？

ＡＥＧの製品として開発され、１９０９年に発売された、電気湯沸かし器がその答えだ。

そして同年、エジソン電灯会社を前身とするエジソン総合電気会社が初めて商業的に成功した電気トースター、つまりＤ‐12型トースターの開発に着手したと考えられている。

初めて店頭に並べられたとき、このトースターは、テクノロジーに目ざとく、新しい物好きな、ごく一部の先進的な人間のための贅沢品《ぜいたくひん》だったのではないかと僕は想像

ペーター・ベーレンス作の電気湯沸かし器(1909年製)

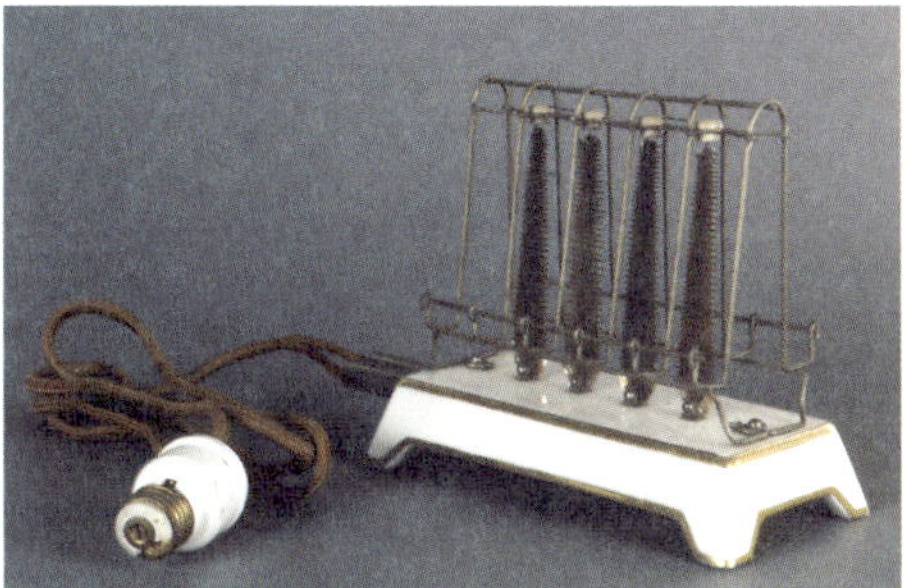
エジソン総合電気会社のD-12型トースター

している。現代におけるiPhoneのように、ね。いや、わかっているよ。この例え話がすぐに古びるであろうことは。これをあなたが読むころには、iPhoneは当然スーパーiPhone的な何かに取って代わられているはずだ。それは初期のトースターが両面トースターに取って代わられ、それがタイマーつきのポップアップ・トースターとなり、そしてさらにそれがそのうち、現在の僕たちには想像もできないほど洗練されたトースターに取って代わられるのと、まったく同じことだ。『この世界という肥溜《こえだ》めに火がついた（©ジム・モリソン）』り、人類がトースト嫌いになったりしない限り、そうなるはずだ。

ともかく、初めてのトースターが登場したとき、それがもたらした利便性は人々を大いに喜ばせたと考えられる。

「いちいち、石炭に火をつけなくてもパンが焼けるって？　最高じゃないか！　執事なんてもういらないじゃん！」

とはいえ100年後には、電気トースターは世界のほとんどの地域で、ありふれた、一般的な道具となった。僕らを囲む多くの製品とサービスのなかで、地味なトースターの機能は取るに足らないもののように思えてしまう。

だが、その取るに足らない製品を製造するには、「取るに足らなくない」負荷を環境にかけなければならない。トースターを(そして、そのほか多くの製品を)製造している業界が、地球に対して与えている影響は些細《ささい》なものだとは言えなくなってきている。ほんの些細な便利グッズを作るために、地球規模の問題が引き起こされていると考えると、少し滑稽《こっけい》な感じがする。たかがトースターに、ここまでする？　ってね。こんな考えが頭をよぎってしまう。

ひょっとして、トースターってばかばかしいものなんじゃないか？

いやいや、そんなことはない。人間の（トースターへの）欲望とその欲望を満たすことは、ものすごく意義があるはずだ。

これまでの人類の努力の大部分は、ほんのもう少しの快適さを追求するために費やされたと言えるだろう。もう少しだけ疲れを感じることなく、楽しく日常を送るために（あるいはムラなくサクサクなトーストを焼くために）僕らは、多くをつぎ込んできた。この数千年にもわたる、楽をしたいという努力が、これまでにトースターを(他の注目すべき多くの功績とともに）生み出したんだ。

僕は現在の快適な暮らしに本当に感謝しているし、そしてテクノロジーの大ファンだ。でも、僕らが日常生活で使っているもののなかには、それがなくても、そのことに気づきもしないような製品が少なくないように思える。

そんなことを言いだしたら、「なくてはならない製品」と「別にいらない製品」の線引きをどうするかという問題になるだろう。「ヘア・アイロンは電気カミソリよりも必要か否《いな》か」なんて議論になるのは目に見えている。

これまでのところ、何が必要で、何がそうじゃないかを決めてきたのは、僕たちの財布だ。人々に買われるものは必要なものとして残り、そうでないものが淘汰《とうた》されてきた。しかし、その「投票方法」は本当に万全だと言えるのか？

僕にとって、トースターとはすなわち、必要なものと不必要なもののボーダーライン上にある、多くの製品の象徴なんだ。

「あると便利、でもなくても平気、それでもやっぱり比較的安くて簡単に手に入って、とりあえず買っておくかって感じで、壊れたり汚くなったり古くなったら捨てちゃうもの」のシンボルが、トースターなんだ。

これが、「なぜトースターを作るのか？」の答えさ。

あと、僕がダグラス・アダムス好きだということも理由の一つだ。

彼の『銀河ヒッチハイク・ガイド』シリーズの第5作目、『ほとんど無害』に、次のような一節がある。

自分の力でトースターを作ることはできなかった。せいぜいサンドイッチぐらいしか彼には作ることができなかったのだ。

この物語の主人公にして、典型的な20世紀型の地球人、アーサー・デントは、技術的に未発達な人間が住む惑星に足止めをくらう。そうした状況のなか、アーサーは彼らの社会を自分のデジタル時計や内燃エンジン、電気トースターなどの科学知識と近代技術で変えて、革命を成し遂げることで、天才だと認められ、皇帝として崇《あが》められるのではないかと思いつく。しかし、彼はまわりの人間社会がなければ、自分では何も作ることができないことを思い知らされる——ある日の午後に何気なく作ったサンドイッチを除いては。

この、見たこともない最先端食事技術は村人に衝撃を与え、一気にアーサーはサンドイッチ作成担当の高官となり、革新的なサンドイッチ技術を磨き、リサーチするという神聖なる任務を与えられるんだ。

僕がこの本を読んだのは14歳のときだった。この一節が僕に大きな影響を与えたのは間違いなく、10年後、大学院の修士課程2年目の課題について思い悩んでいたときに、脳のシナプスからその記憶がよみがえったんだ。

「おかしな惑星に足止めくらったらどうしよう？　ナイフなんてどうやって作ればいいんだ？　なんてこった。何もわかりやしない！」

生活を支える基本的技術への知識が明らかに乏しいのは、僕ら現代人のほとんどにとって、アダムスが書いた通りだろう。現代社会は人間を実践的能力から切り離しているという考えは新しいものではなく、そして多くの場合、否定的な意味を含んでいる。

トーストがテーマのSF映画を作るとしよう。ストーリーはきっとこんな感じになるはずだ。

すっかり荒廃してしまったイギリスの大地に、生き残っていた人たちがいた！　彼らは、高度な人間工学の知識をもつ研究者たちだった。しかし、何が健康によくて、何が危険かを熟知しているにもかかわらず、彼らは食事すらも作れない。果たして、文明崩壊後の世界で、彼らはトーストを焼くことができるのか？

悲劇を回避するにはこうするしかない。
リバースエンジニアリングによってトースターの構成部品と材料を調べ、世紀末にあっても入手可能であろう道具だけを使って、原材料からトースターを作りあげること。そして、その試みを記録すること。僕がトースターを作りたいもう一つの理由がこれだ。

**インペリアル・カレッジ、ロンドン**
**2008年11月7日金曜日**

僕とシリアーズ教授とのミーティングは続いていた……。

**教授**　それで、誰かに手伝ってもらってもいいのか、それともどうしても一人でやるって言うのかい？
――ええと、僕一人で作りたいです……。
**教授**　代替の材料を使うのはOKかい？
――（沈黙……できれば、代替のものは使いたくないんだけどなぁ）
**教授**　そうか、まぁいい。一般的なトースターに使われているのとは違う、別の金属を使うのであれば、費用はかかるがずっと楽に作ることができる。トースターのほとんどは鉄と鋼鉄でできているけど、それが多く使われるのは、安いから、そして大量に生産できるからだ。ただ、個人でやるとなると話は別だ。鉄を製錬するのは骨が折れるぞ。自分一人でやるつもりなら、銅の方がいいだろう。銅はそこまでの高熱じゃなくても抽出できるからね。人類がまず青銅器時代を迎えた理由がそれ。クソ簡単なのさ。

——なるほど。

**教授**　それでもう一つ……。どうなんだ、電力を使っていいのか？　それとも、それも自分自身で？　酸は？　それも手作りなのかい？　こういった問題についてどこまでこだわるつもりなんだい？

——じつはルールがありまして……。

## ルール

あらゆるプロジェクトにおいて、ルールはとっても重要だ。

電子部品を売る店に行ってニクロムのワイヤを買って、それを曲げて発熱体を作ることもできるし、電気コードとプラグを買って、すべてを配線することだってできる。

あるいは、たき火をおこして、それがトースターであると言い張れないこともない。だって、棒の端っこにパンを刺して、火にかざせば、トーストができあがるわけだから。

でも、それじゃあね……。

ということで、どんなトースターをどのように作るかは、ルールで決めなくてはならない。

ルール1。僕のトースターは店で売っているようなものでなければならない。

トースターの定義とは？

←　それはパンをトーストする物体である。

←　火はパンをトーストする。

←　でも火はトースターではない。

←

なぜ火はトースターじゃないのか？

それは、店でトースターをくださいと頼んでも、火がさしだされることはないから。

↓

ということで僕のトースターは、

A　プラグをコンセントに刺すタイプの電気トースターでなければならない。

B　２枚のパンを両面同時にトーストできなくてはならない。

C　一般的に「ポップアップ・トースター」として認識されているものでなければならない。

D　トーストする時間を調節できなければならない。

店で売られているトースターのほとんどは、白か銀色で、丸みを帯びた立方体で、だいたい小型のテリアぐらいの大きさだ。けれども、その値段にはびっくりするほどの幅があり、なんと3・94ポンドから166・39ポンド（約2万2000円）。これは一種類の商品としてはかなり広い価格帯だと言えると思う。

根拠もなく、「安いトースターであるほどシンプルなはずだ」と信じ込んでいた僕は、見本のトースターとしてこいつを選んだ。

アルゴス・バリュー・レンジ（2枚同時に焼ける／ホワイトトースター／3・94

ポンド）

［機能］

・断熱性能

・焼き色調節

・途中停止

・コードを収納できる

何世紀もかけて徐々に発展を遂げた技術力を具象化し、物質的富を向上させ、現代生活が依存する国際的供給網を変化させた、偉大なる価値をもつトースター。設備の整ったキッチンには不可欠である！　パンくずのトレイはついてないけど。

ルール2。トースターの部品はすべて一から作らなくてはいけない。

さて、一からってどういう意味なんだろう？　一からというのは、何かを本当に最初からスタートさせることだ。最初からスタートさせるってどういう意味だろう？　最初からスタートさせるというのは、何もないところからスタートさせるってことだ。ちょっと待って、混乱してきた……。

たぶんこういうことだ。

湖近くの人里離れた森に自転車で向かい、自転車をおりてそれを湖に投げ込む。ポケットからマッチが入った箱と、ガソリンが入った小さなボトルを取りだす。靴を脱ぎ、すべての洋服を脱ぎ捨て、ガソリンをまいてマッチに火をつける……。すべてが焼き払われ、森のなかで裸の僕がそこにいる。トースターを一から作る準備が整ったってわけです。

極限状態でのサバイバルってものに、わずかでも興味がある人は知っていると思うけど、サバイバルしなくてはならない状況で最初にすべきなのが、避難場所を探すことと、水を確保すること。次いで、食料を見つけること。

それらの最優先課題をクリアしてやっと、電気トースター、を作る道具、のために必要な材料、を手に入れるための道具……を作り始めることができる（いや、その前に、服を着なくちゃいけないかもしれない。服を作るのにも、すごく時間がかかる）。でも、これだけやっても十分じゃないかもしれない。有名な天体物理学者である、カール・セーガン博士の言葉が僕の耳にこだました。

**一からアップルパイを作ろうとしたら、まずは宇宙を創造しなくてはならない。**

自分の使命の大きさに、立ちすくむほかない。

ただ、セーガン博士の哲学的な命題について思い悩みながら、湖のそばを全裸で徘《はい》徊《かい》していた僕の姿を見た地元の人が——ありがたいことに——警察に通報してくれたおかげで、そんなことを考えている場合じゃなくなった。風紀を乱したことで注意を受け、国立公園内で放火を企てた容疑により、いくばくかの罰金を払う羽目になった。が、彼らがパトカーで僕を送り届けてくれたころには、僕はすっかり現実世界に戻ってくることができた。

僕はトースターを一から作る予定だ。だけど、21世紀のイギリス、ロンドンに住んでいる。自分のベッドで寝たいし、たまにはテレビも見たいし、ネットを使って調べものだってしたい。

だから、一からというのは、原料からという意味にしようと決定した。それは、土から掘りだされた状態の原料ということ。

ルール3。自分にできる範囲でトースターを作る。

僕は、産業革命以前に使われていたものと「基本的に変わらない」道具を使って、自分でトースターを作らなければならない。

自分で原材料を調達したとしても、それを工場にもって行って、部品に仕立ててあげてもらうなんてことをしたら、僕がトースターを作ったってことにはならないでしょう？　彼らの高価で高性能な設備に頼ってしまっては、このプロジェクトの意義が損なわれる。第一、そうするにはお金が必要で、僕は貧乏だ。
僕はトースターを自分で作りたい。たった一人で。つまり、通常なら巨大工場で大量生産される製品を僕が作るということ。一般的なことを自分のできる範囲で。

だから僕は次のようなルールを決めた。

A　陸上を車で旅することは可。車は馬の現代版だから。飛行機に乗ることは不可。飛行機は過去とは完全に切り離されたもので、産業革命以前の時代には同じ役割のものがないから。

B　一般的な道具の使用は可。それは電気ドリルでも可。なぜなら、それは本質的には手動ドリルと同じものだからだ。単に電気ドリルの方が作業が早いという違いしかない。もちろん3Dのデザインソフトやロボットは使用不可。

ということで、僕のルールが論理的に完全無欠となったわけだ。これで、次に進むことができる。

インペリアル・カレッジ、ロンドン
2008年11月7日金曜日

シリアーズ教授が引き続き、難しい質問で僕を困らせていた……。

**教授**　その昔から、金属は、鉱山で採れた鉱石を製錬することで生み出されてきたわけだが、かつては極めて純度の高い鉱石を使っていた。現代ではそんな鉱石は存在しない。今の銅鉱石の含有率は、基本的には1％以下だと考えておくべきだ。だから、1キロの銅を作ろうとすると、100キロ以上の鉱石が必要になる。相当な量だ。少しでも銅の含有量が高い鉱石を探すとなると……、そうだな……、フィンランドまで行かなくちゃならない。フィンランド北部だ。1週間かかる。そこで銅を手に入れてもち帰り、それを板金加工したのち、ハンマーで型にあわせて成型するわけだ。それで、トースターを覆《おお》う筐体ができる。

――いや、筐体はプラスチックがいいんです。

**教授**　いったいなんで？

――トースターっぽく見せるために。

**教授**　私は金属専門なんだがね。

――でも内部は金属じゃないですか。

**教授**　プラスチックの問題は、それが原油から作られてるってところにある。一筋縄じゃいかないぞ。青銅器時代の前にプラスチック時代がこなかったのはそれが理由だから。

——なるほど。

**教授**　でも、例えば家電屋でよく見かける、あのオシャレなトースター……、名前はなんて言ったっけな……。

——デュアリット・トースター！（デュアリット社製の高級トースター。磨きあげられたクロムによる美しい外観が特徴的）

**教授**　そうそう、それだ。ああいうのを作るんであれば、プラスチックは少なくて済む。代わりに金属がたくさんいるがね。

——じつはアルゴスの安いトースターを見本にしようと決めたんです。アルゴスのものにはプラスチックの筐体がついていましたて。

**教授**　なるほど、筐体が必要ってのはそういうわけなんだな。わかった。でも、その前に考えなきゃいけないことはたくさんあるぞ。パンを焼くには、発熱体が必要だ。

——トースターの発熱体って、ニッケルとクロムの合金で作られていると聞いた、いや、読んだんです。それで探してみたら、ニッケルの鉱山がシベリアにあって……。

**教授**　いや、純度の高い石がとれる鉱山で、一番近いのはたぶんトルコにあるやつだ。でも何トンも必要だぞ。だから……、まあいい、発熱体に送る電気が必要になるな。

――銅線ですね。

**教授**　そうだ。あと、発熱体が炎上しないように、断熱材もいる。

――たしか、なんかの鉱物が使われてるはずです。

**教授**　そう、マイカだ。少なくとも、昔はそうだった。今もマイカを使っているのか、それとも別のものを使っているのかはわからないがね。

そんなわけで、どのようなトースターをどのように作るかが決まった。いよいよ作業開始だ。

# 第2章

Steel

# 鉄

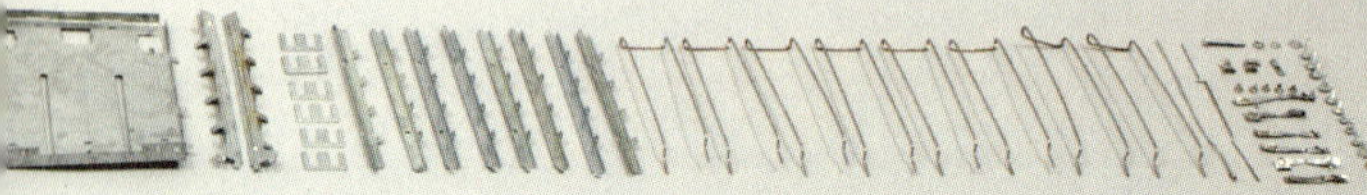

## 鉱山のサンタクロース

「鋼鉄を作ることができれば、このプロジェクトは成功を約束されたも同然だ」

僕は自分にそう言い聞かせていた。

鋼鉄が鉄からできていることは知っている。また、「銑鉄《せんてつ》」だとか、「鉱滓《こうさい》」なんて言葉を、学生時代に習ったという記憶も、おぼろげながらある。だけど、その程度の知識だけじゃ鋼鉄は生み出せない。リサーチと行動が必要だ。

年間生産統計をながめると、僕たちが使っている製品の鋼鉄の大部分は、中国で製錬されていることがわかる。そして、その原材料の鉄鉱石はオーストラリア、ブラジルなどの鉱山で採掘されているらしい（その2ヵ国ほどメジャーではないにせよ、中国の鉱山からも多くの鉄鉱石がとれる）。ということは、僕の手元にあるアルゴスのトースターの鋼鉄も、そこからきたものだと考えられる。

だけど、残念なことに僕は、そのどの国にも住んではいない。だから、別の鉱山をあたらなくちゃいけない。

ロンドンからもっとも近い鉄鉱山はイングランド南西部、南ウェールズとの境にある、フォレスト・オブ・ディーンにあった。距離にして223キロ離れている。グーグルによると、寝ず食わずで歩き続ければ46時間で到着するらしい。でも、僕は本当にラッキーで、誰かがすでに、そこまでの線路を敷いてくれていた。

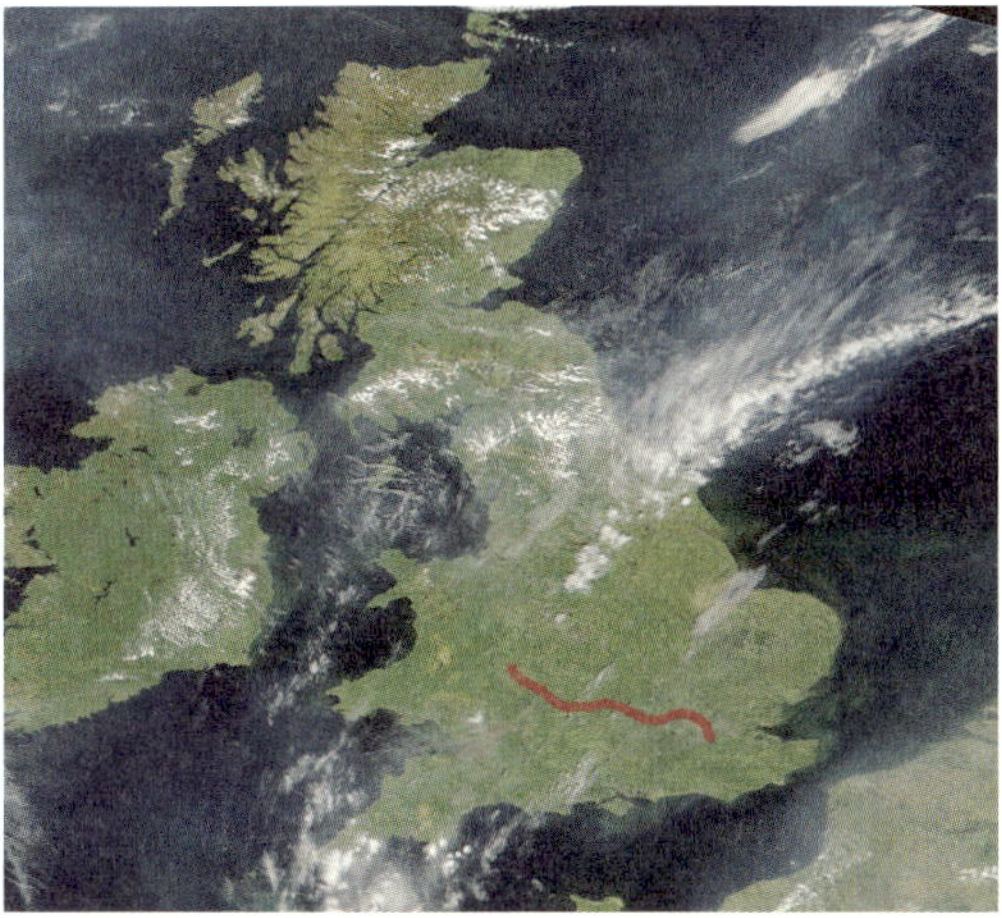
ロンドンからクリアーウェル鉱山へ

まず僕は、鉱業所に電話して、訪問の約束を取りつけた。電話にでたレイ・ライトという男性は、僕の「トースターを作りたいから鉱山に行って鉄鉱石を掘らせてくれ」というお願いを聞いて、ずいぶん当惑した様子だった。しかし彼は――驚くべきことに――あっさりと電話を切ることなく、翌日僕が鉱山を訪れることを了承してくれた。

　このクリアーウェル鉱山は、はるか鉄器時代から、剣や鋤《すき》を作るための鉄を供給し続けてきた。第二次世界大戦終戦のあたりまでは、毎週数千トンもの鉄鉱石が採掘されていたそうだ。先ほど電話で話したレイも、ここが鉱業所として稼働《かどう》していた時代から鉱山労働者として働いていたという。しかし時代は変わり、クリアーウェルの洞《どう》窟《くつ》や鉄鉱山は、今や観光スポットへと転身を果たし、レイも息子のジョナサンと一緒にその経営をしている（ちなみに、ここはグロースターシャー州の家族向け観光地大賞を２００３年に受賞している）。

　僕らは午後遅くに鉱業所にたどり着いた（「僕ら」とは、僕と、このプロジェクトに僕が引っ張り込んだ親友のサイモンのこと）。ついてすぐにわかったのは、レイが「トースターを作りたいので、鉄鉱石を採掘したい」という電話での僕の言葉を、「ポスターを作りたいので」と勘違いし、写真撮影でもするのだろうと考えていたことだ。レイの名誉のために書いておくと、ポスターを作るというシナリオの方がトースターを作るというのより、よっぽどまともだ。

　とにもかくにも、トンネルの壁から砕けやすそうな岩を掘ってやろうなんていう僕の甘いもくろみは、即座に崩れ去った（実際、僕はツルハシだってもって行かなかっ

ライトアップされた坑道を背に語るレイ・ライト氏

た。だって貸してくれると思ってたもん)。レイが僕にはっきりと言ったのは、採掘とはそう軽々しく考えるようなものではないということだった。削岩機や、爆薬も必要になる。しかも、半日仕事でもない。というのも、鉱業所内の作業場に行くには、トロッコに乗って地下深くへと、長時間移動しなければならないからだ。

がっくりとうなだれた僕は、旅が無駄だったのではないかと思い始め、空っぽのスーツケースでロンドンに帰ることを覚悟し始めた。しかし、それでもみっともないほどしつこく嘆願し続けるとレイはそれを聞き入れてくれ、鉱山に僕らを連れて行き、もって帰ることができる鉱石を探すことを許可してくれた。

クリスマス用のデコレーションが飾られた鉱業所を歩くというのは、なんだかシュールな体験だった。ぬいぐるみのトナカイが置いてあるし、レイのスタッフの一人はサンタクロースの格好をしていた。僕はレイに、この鉱山が観光地化したことをどう思うか聞いてみた。

レイは、結果的にクリアーウェルのような規模の鉱山を過去のものに追いやった、オーストラリアや南米での大規模採鉱を好ましく思っていないようだった。そのような規模での採掘は、人間をアリに変えてしまうというのが彼の意見だ。つまり、あそこまでスケールが大きいと、末端の作業者はただのコマ、ピースでしかなくなってしまう、ということだ。カール・マルクスも、『経済学・哲学草稿』（１８４４年）で同じようなことを記している。

第一に、労働が労働者にとって外的であること、すなわち、労働が労働者の本質に属していないこと、そのため彼は自分の労働において肯定されないでかえって否定され、幸福と感ぜずにかえって不幸と感じ、自由な肉体的および精神的エネルギーがまったく発展させられずに、かえって彼の肉体は消耗し、彼の精神は頽廃《たいはい》化する、ということにある。だから労働者は、労働の外部ではじめて自己のもとに〔bei sich〕あると感じ、そして労働のなかでは自己の外に〔außer sich〕あると感ずる。労働していないとき、彼は家庭にいるように安らぎ、労働しているとき、彼はそうした安らぎをもたない。だから彼の労働は、自発的なものではなくて強いられたものであり、強制労働である。そのため労働は、ある欲求の満足ではなく、労働以外のところで諸欲求を満足させるための手段であるにすぎない。（城塚登・田中吉六訳、岩波書店）

それでもレイは、完全に採掘を止《や》めたわけではない。彼は今でも、鉄オーカーという物質を掘り続けている（トン単位ではなく、グラム単位で）。これは簡単に言ってしまえば、粉状の錆《さ》びた鉄で、口紅や芸術家の使うオイルペイントの顔料として使用される。

この島々のほとんどの住人が、あばら屋に（あるいは、クリアーウェルの洞窟のなかに）住んでいた時代から続く採鉱の歴史を、完全に過去のものにしないため、レイは今でも採鉱を（量はわずかでも、採掘されたものが口紅にしか使われないとしても）続けている。僕はそう思う。レイは、鉱業所が観光スポットになってしまったことを、屈辱的に感じているだろうか？

クリアーウェルの鉄に再び採鉱の価値がでるには、何が変わればいいのだろう？たぶん、世界経済が崩壊する以外ないだろう。レイによると、マヤ暦が終わる２０１２年にそれは起こるという。彼はきっと、一刻も早くクリアーウェルが鉱業所として再出発できることを望んでいるのだと思う。

## ５００年前の教科書

というわけで、僕は実際に鉄鉱石を採掘しなかった。手にした鉄鉱石は、レイが数年前に採掘したものだった。ツアーの最後に、彼が展示品のなかから鉄鉱石を選び、僕にもたせてくれた。あっという間に車輪が壊れてしまったスーツケースのなかに鉄鉱石を入れ、僕は家路についた。すごく重かった。40キロあったんだから。

レイ曰《いわ》く、この鉄鉱石には約40％もの鉄分が含まれている。そこから、その50％を抽出できるとしよう。僕が手にすることができる鉄は、８キロということになる。

トースターを作るには十分すぎる量だ。でもまずは、どうにかして鉄を抽出しなくてはならない。

スーツケース一杯に詰め込まれた鉄鉱石

岩はまったく金属のように見えず、ただの岩にしか思えなかった。ちょっと木星からやってきた岩のように見えなくもないけど、それでもとにかく岩だ。僕がしなくてはならないのは、この岩の鉄の原子を他の原子から分離することだ。それは石から血液を抜くような作業だ。ちょっと鉄分の多い血を。

インペリアル・カレッジの図書館には、冶金《やきん》学のセクションがある。

僕はそこで、冶金学についての古い教科書を何冊かぺらぺらめくってみた。しかし、それらをながめてわかったのは、もし抽出冶金技術を実行したいのであれば、その原理を記した現代の書籍を読んでも、なんの役にも立たないということだ。難解な産業プロセスを詳細に説明したフローチャートや、冶金における化学反応を説明する方程式は、大手製鉄会社で働いている人にとっては、とても役立つものなのかもしれない。でも、自分一人で製錬するのであれば、それらは助けにはならない。結局その図書館では有用な本を見つけることはできなかった。

ということで僕は、インペリアル・カレッジを飛び出し、さらなるリサーチを行った。そしてついに、科学博物館の科学史図書館で『デ・レ・メタリカ』を探しあてた。それはゲオルク・アグリコラによって、16世紀にラテン語で記されたものであり、英語版は、第31代アメリカ合衆国大統領に選出される前のハーバート・クラーク・フーバーと、彼の妻、ルーによって翻訳されている。

ヨーロッパ史上初の冶金学専門書である『デ・レ・メタリカ』には、その当時知られていた、世界各地の採鉱、および金属の製錬について、年代順に記されていた。この本は、ほぼ500年前に書かれたものにもかかわらず、僕にとっては、現代の教科書よりもずっと役に立った。そのことは、少なからずショッキングなことでもあった。というのもそれは、16世紀以降に発展してきたさまざまなメソッドは、僕一人ではま

GEORGII AGRICOLAE
DE RE METALLICA LIBRI XII▸ QVI▸bus Officia, Instrumenta, Machinæ, ac omnia deniq; ad Metalli▸cam spectantia, non modo luculentissimè describuntur, sed & per effigies, suis locis insertas, adiunctis Latinis, Germanicisq; appel▸lationibus ita ob oculos ponuntur, ut clarius tradi non possint.

EIVSDEM

DE ANIMANTIBVS SVBTERRANEIS Liber, ab Autore re▸cognitus: cum Indicibus diuersis, quicquid in opere tractatum est, pulchrè demonstrantibus.

BASILEAE M▸ D▸ LVI▸

Cum Priuilegio Imperatoris in annos V.
& Galliarum Regis ad Sexennium.

TO THE MOST ILLUSTRIOUS AND MOST MIGHTY DUKES OF
Saxony, Landgraves of Thuringia, Margraves of Meissen, Imperial Overlords of Saxony, Burgraves of Altenberg and Magdeburg, Counts of Brena, Lords of Pleissnerland, To MAURICE Grand Marshall and Elector of the Holy Roman Empire and to his brother AUGUSTUS,[1]

GEORGE AGRICOLA S. D.

MOST illustrious Princes, often have I considered the metallic arts as a whole, as Moderatus Columella[2] considered the agricultural arts, just as if I had been considering the whole of the human body; and when I had perceived the various parts of the subject, like so many members of the body, I became afraid that I might die before I should understand its full extent, much less before I could immortalise it in writing. This book itself indicates the length and breadth of the subject, and the number and importance of the sciences of which at least some little knowledge is necessary to miners. Indeed, the subject of mining is a very extensive one, and one very difficult to explain; no part of it is fully dealt with by the Greek and Latin authors whose works survive; and since the art is one of the most ancient, the most necessary and the most profitable to mankind, I considered that I ought not to neglect it. Without doubt, none of the arts is older than agriculture, but that of the metals is not less ancient; in fact they are at least equal and coeval, for no mortal man ever tilled a field without implements. In truth, in all the works of agriculture, as in the other arts, implements are used which are made from metals, or which could not be made without the use of metals; for this reason the metals are of the greatest necessity to man. When an art is so poor that it lacks metals, it is not of much importance, for nothing is made without tools. Besides, of all ways whereby great wealth is acquired by good and honest means, none is more advantageous than mining; for although from fields which are well tilled (not to mention other things) we derive rich yields, yet we obtain richer products from mines; in fact, one mine is often much more beneficial to us than many fields. For this reason we learn from the history of nearly all ages that very many men have been made rich by the

[1]For Agricola's relations with these princes see p. ix.
[2]Lucius Junius Moderatus Columella was a Roman, a native of Cadiz, and lived during the 1st Century. He was the author of *De Re Rustica* in 12 books. It was first printed in 1472, and some fifteen or sixteen editions had been printed before Agricola's death.

BOOK IX. 423

placed on the anvil, and repeatedly beaten by the large iron hammer that is raised by the cams of an axle turned by a water-wheel. Not long afterward it is taken up with tongs and placed under the same hammer, and cut up with a sharp iron into four, five, or six pieces, according to whether it is large or small. These pieces, after they have been re-heated in the blacksmith's forge and again placed on the anvil, are shaped by the smith into square bars or into ploughshares or tyres, but mainly into bars. Four, six, or eight of these bars weigh one-fifth of a *centumpondium*, and from these they make various implements. During the blows from the hammer by which it is shaped by the smith, a youth pours water with a ladle on to the glowing iron, and this is why the blows make such a loud sound that they may be heard a long distance from the works. The masses, if they remain and settle in the crucible of the furnace in which the iron is smelted, become hard iron which can only be hammered with difficulty, and from these they make the iron-shod heads for the stamps, and such-like very hard articles.

But to iron ore which is cupriferous, or which when heated[34] melts with difficulty, it is necessary for us to give a fiercer fire and more labour; because not only must we separate the parts of it in which there is metal from those in which there is no metal, and break it up by dry stamps, but we must also roast it, so that the other metals and noxious juices may be exhaled; and we must wash it, so that the lighter parts may be separated from it. Such ores are smelted in a furnace similar to the blast furnace, but much wider and higher, so that it may hold a great quantity of ore and much charcoal; mounting the stairs at the side of the furnace, the smelters fill it partly with fragments of ore not larger than nuts, and partly with charcoal; and from this kind of ore once or twice smelted they make iron which is suitable for re-heating in the blacksmith's forge, after it is flattened out with the large iron hammer and cut into pieces with the sharp iron.

By skill with fire and fluxes is made that kind of iron from which steel is made, which the Greeks call *[illegible]*. Iron should be selected which is easy to melt, is hard and malleable. Now although iron may be smelted from ore which contains other metals, yet it is then either soft or brittle; such (iron) must be broken up into small pieces when it is

(Brass is modern poetic licence for copper or bronze). Also, in the Odyssey (IX. 465) when Homer describes how Ulysses plunged the stake into Cyclop's eye, we have the first positive evidence of steel, although hard iron mentioned in the Tribute of Yü, above referred to, is sometimes given as steel:
"And as when armourers temper in the ford
"The keen-edg'd pole-axe, or the shining sword,
"The red-hot metal hisses in the lake."
No doubt early wrought-iron was made in the same manner as Agricola describes. We are, however, not so clear as to the methods of making steel. Under primitive methods of making wrought-iron it is quite possible to carburize the iron sufficiently to make steel direct from ore. The primitive method of India and Japan was to enclose lumps of wrought-iron in sealed crucibles with charcoal and sawdust, and heat them over a long period. Neither Pliny nor any of the other authors of the period previous to the Christian Era give us much help on steel metallurgy, although certain obscure expressions of Aristotle have been called upon (for instance, St. John V. Day, Prehistoric Use of Iron and Steel, London, 1877, p. 134) to prove its manufacture by immersing wrought-iron in melten cast-iron.
[34]*Quae sal aerosa est, vel cocta* [illegible]. It is by no means certain that *cocta* "cooked" is rightly translated, for the author has not hitherto used this expression for heated. This may be residues from roasting and leaching pyrites for vitriol, etc.

424 BOOK IX.

A—FURNACE. B—STAIRS. C—ORE. D—CHARCOAL.

『デ・レ・メタリカ』の中身。素晴らしい木版画がページを彩る

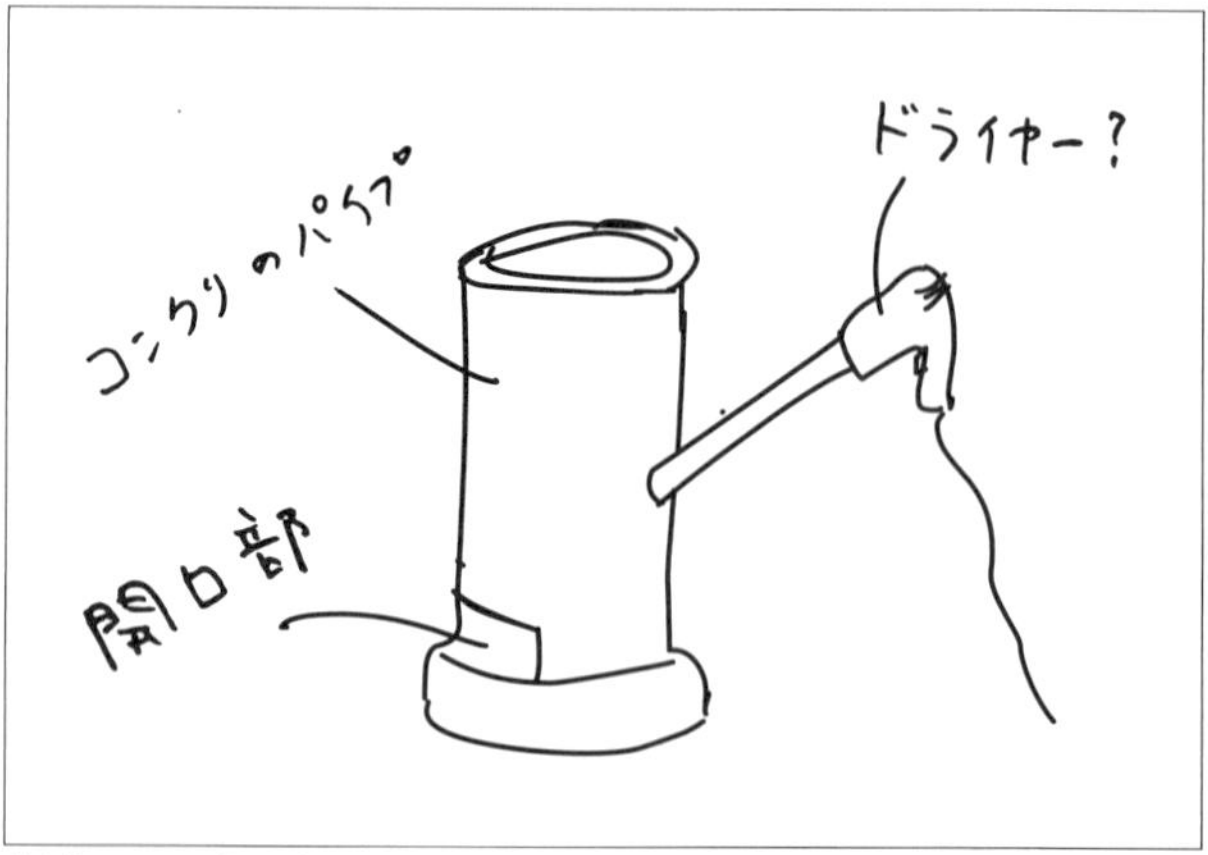

精緻極まる、僕の溶鉱炉の設計図

ったく使いこなすことができないものであることを意味するからだ。

それはともかく、内容もさることながら、その本にあった木版画の図版も素晴らしいものだった。「眠った犬」あるいは「農夫の飲むハチミツ酒」など、読解に苦しむ「用語」もでてきたけど、それでもなんとか読み進め、僕はどうすれば岩から鉄を抽出できるのか、おぼろげながらもわかってきた。

もちろん、16世紀と現代とでは、一般に入手可能な道具や資材が異なる。現代では、革と木材で作られたふいご（原始的な空気ポンプの一種。金属を製錬する際、かまどの火の燃焼を維持するための送風機として広く利用されていた）を手に入れるより、安いドライヤーを手に入れる方がずっと簡単だ。ということで、僕は母親の庭からもってきたチムニーポット、ゴミ箱、書棚から切り離した板、バーミキュライト（蛭石《ひるいし》を加工したもので、消火剤などとして用いられる）、何枚かのタイル、そして粘土で、16世紀の溶鉱炉を再現し、そこにリーフ・ブロワー（庭の落ち葉などを吹き飛ばすための強力な送風機）で風を送り込むことにした（本当はドライヤーで済ませるつもりだったんだけど、家庭のドライヤーは少し温度をあげただけで、すぐに安全装置が作動してしまうから、鉄の製錬には不向きだってことがわかった）。

何が実際に役立つかを知る方法なんてない。僕にできるのは、ただ燃料を入れ続け、潰《つぶ》した鉱石を入れて、祈ることだけだ。

［1］チムニーポットの下部に開口部を作り……

［2］タイルと粘土とバーミキュライトでできた土台にそれを載せ……

[3]溶鉱炉の完成！

[5]ハンマーで力の限り叩き、

[4]クリアーウェルからもってきた鉄鉱石を、

[6]砕くっ！

溶鉱炉にゴミ箱を被せて、隙間にバーミキュライトを流し込み……

温度プローブを設置して、準備完了！

送風口にリーフ・ブロワーを固定し……

燃料と鉄鉱石の破片を投入！

ロンドン中心部の駐車場で、製錬は夜通し行われた

ちょっと休憩。トースター完成より一足先に、トーストをいただく（苦かった）

## 砕け散る「鉄の花」

プロセスの半分を過ぎたくらいで、温度プローブが使い物にならなくなってしまったけど、壊れる直前に示されていた温度は、摂氏1206度だった。これは理論上、この溶鉱炉が目的を果たすのに十分なほど熱されたことを意味する。

僕は、「鉄の花」（ブルーム）と呼ばれているものを作ろうと考えていた。なぜ「花」と呼ばれているかというと、それがキャベツの花に似ているからだそうだ（正直に言うと、僕はキャベツに花が咲くなんて知らなかった）。最後の燃料が燃え尽きたその夜遅くに、溶鉱炉を棒でつついて、ころころと動く、黒くて重いかたまりを引っ張りだした。煙に目を細めながら、成功を祈りつつ見てみると、それはたしかに「鉄の花」だった。

僕の「花」が触っても大丈夫なほど冷たくなるのを待って、磁石でテストしてみた。磁気はある。おびえつつ、口に運んで舐《な》めてみた。おお、金属の味！

僕らが普段目にしている金属とは違って、ピカピカに光っていたわけではなかったけれど、それでも僕はそれが「古いタイプ」の金属だからくすんでいるのだと理由づ

僕の「鉄の花」（なのか……？　これは……）

けた。いわゆる「オーガニック」な金属だ。もし（わずかにでも）磁気があり、金属の（ような）味がして、見た感じが（なんとなく）金属だったら、それは金属だ。異論は認めない！

そして、数日にわたって自分の成功を自慢した後（僕の素晴らしい手作り金属と磁石をくっつけるというデモンストレーションを行って、友人やパブにいる見物人を驚かせた後）、僕はとうとう、その花をトースターの部品とするための作業を開始した。僕が作った金属にとって本当に重要だったのは、それが打ち伸ばせるかどうかということだった。打ち伸ばして、平らなシートにすればトースターの骨組みにできるからだ。

希望を胸に、赤くなるまでその金属をブロートーチで熱し、ハンマーでやさしく叩《たた》いてみた。結果は……。

その「金属」は、僕のトースターを作るという夢とともに砕け散った。

## 2つの勘違い

僕は最初のハードルを越えることに失敗したわけだ。残されたのは、今やがれきになり果てた「かつて溶鉱炉だったもの」と、成功への糸口すら見えないプロジェクトだけだ。

アンティークのチムニーポットは、熱のせいでひび割れており、溶けてしまった消火剤のバーミキュライトが、そのまわりにべったりくっついていた。バーミキュライトのパッケージには、摂氏1200度を超えないとこのような状態にはならないと記されていた。つまり、温度は十分な高さまであがっていたということだ。なら、いったい何が問題だったんだ？

後になって調べたところ、どうやら、僕は燃料選びのところで根本的な間違いを犯していたことがわかった。

近代以前の溶鉱炉では、木炭が燃料として使われていた。しかし、それは産業革命の時代にコークス（骸炭《がいたん》）に取って代わられ、現代でも主流はコークスのままだ。現代の溶鉱炉にコークスが使われているのであれば、燃料としては当然優れているに違いないと僕は思い込み、それゆえコークスを使うことにした（嘘《うそ》。たまたま家にそれがあったからだ）。

けれども、木炭がコークスに変更された理由はそれが優れていたからではなく、木炭を作るための木材が足りなかったからだったんだ。

産業革命によって鉄の需要が大幅に拡大すると、木の生長を待たなければならない木炭では、その需要に対応しきれなくなった。ということで、新しい木の生長を待つより、簡単に土から掘り起こすことができ、豊富に存在する化石化した樹木（石炭）をその代替として使う動きが広まっていったわけだ。

コークスとは、石炭を熱処理し、多くの不純物を取り除いたものだけど、問題は熱処理された後でも、多くの硫黄や亜リン酸などが残留するということだ。同じ溶鉱炉に鉄鉱石と燃料がそのまま入れられると、鉄が燃料の不純物を吸収してしまうんだ。

この不純物のおかげで、コークスで作られた鉄は硬く、割れやすく、何を作るにしても役に立たない。そうした鉄のことを、ピッグ・アイアン（銑鉄）と呼ぶ。そう呼ばれているのは、「豚小屋みたいに汚い鉄」だから、というわけではないらしい。どうやら、その時代に一般的に用いられていた溶鉄を流し込む型が、豚のおっぱいに見えるからという理由のようだ。僕からすれば、ちょっと奇妙な視覚的隠喩《いんゆ》のように思えるけど、その言葉が作られた時代には、お母さん豚のおっぱいに何匹もの子豚が群がっている光景は（キャベツの花が咲いているのと同じように）、日常的なものだったのだろう。

ピッグ・アイアンを役に立つ鉄に変えるには、不純物を取り除く必要がある。だけど、それは簡単なことではない。その技術が確立されて初めて、産業革命が可能になったことを思えば、簡単であるはずもない。

不純物には、燃えるものと燃えないものがある。燃やせるもの（亜リン酸など）は燃やして、燃やせないものは他の物質と結合させて分離させる、というのが、不純物を取り除くうえでの基本だ。そして、どのように不純物を取り除くかによって、できあがる鉄の質も変わってくる。

鉄と聞くと、僕たちは混じりけのない元素「Fe」を想像しがちだ。でも、現実世界の物質は、多かれ少なかれ何かと何かが混じりあっているものだ。僕たちが普段目にする「鉄」は、主に鋳鉄、錬鉄、そして鋼鉄という3種類に分けられるけど、これらは、すべて鉄を主成分とした化合物で、それぞれが含む鉄以外の成分（炭素など）の量によって分類されている。もしハンマーで叩いて整形するつもりならば、その鉄は錬鉄、あるいは鋼鉄である必要がある。

じつを言うと、木炭と正しい知識と技術があれば、わざわざピッグ・アイアンから不純物を取り除くというプロセスを経ることなく、鉄鉱石から直接、これらを抽出することができた。でも、木炭も知識も技術ももちあわせていなかった僕にあったのは、やる気だけだった。無機物相手に、やる気だけじゃ無理でしょ。

その時点で失敗は避けようがなかった。にもかかわらず、僕は、溶鉱炉から引っ張りだした「花」が、少なくとも錬鉄であることを期待していた。それどころか、多少運に恵まれていれば、炭素の割合がドンピシャリのところにおさまって、鋼鉄ができることだってありえるとさえ思っていた。

僕の最初の間違いは、新しいプロセスが古いプロセスよりも優れているだろうと思い込んだことにあった。

大量の鉄が必要で、なおかつ材木の量が制限されているときにのみ、コークスは木炭に比べて優れた燃料となりえる。逆に、必要とされる鉄が少量で、材木の供給量が十分であれば、木炭の方が優れている。たった８０００グラムの鉄を抽出するのは、どう考えたって後者のケースに該当する。

僕の２つ目の勘違いは、鉄の溶錬は古い技術であり、教養あふれる近代人たる僕みたいな男であれば、簡単に習得できると思っていたことだ。

鉄鉱石のなかの鉄原子は酸素原子と結合している。つまり、酸化鉄、別名「錆び」だ。何もしなくても、ものが勝手に錆びていくことからもわかる通り、鉄原子と酸素原子は極めて高い親和性をもって結びつく。だから、酸素と鉄をはがすにはたくさんのエネルギーが必要で、そのために溶鉱炉内の温度を摂氏１２００度にまで上昇させなければいけない。

ただ、それだけではまだ足りない。鉄にしがみつく酸素がそこから離れたくなるような、より魅力的な――つまり還元反応が起きる――結合先を供給しなければならない。例えば一酸化炭素のような。

一酸化炭素とは、炭素が「不完全に」酸化したものだ。通常、炭素は２つの酸素原子と結合し、二酸化炭素となるけど、例えば、酸素量が十分でない空間で炭素を含む物質（石炭など）を燃やせば、2つの酸素元素を捕まえられない炭素がでてくるため、一酸化炭素が発生する。一酸化炭素は人体に有害な物質であり、頭痛や幻覚を引き起こし、最悪のケースでは死に至らせる。だから、家庭の給湯器などからこれが発生するのはすごくヤバイ。しかし、溶鉱炉のなかでは酸化鉄を減少させ、鉄とするのに役立ってくれる。

溶鉱炉を十分に熱するには、多くの空気を送り込み、コークスを完全燃焼させなければならない。しかし、完全にコークスが燃えるということは、一酸化炭素の減少を意味し、酸素原子が鉄から離れにくくなってしまう。ここにジレンマがある。送り込む酸素が少なければ、溶鉱炉を十分に熱することはできないけど、多すぎると、酸化鉄から酸素原子をひきはがせない。

今回、溶鉱炉を熱するために、僕はリーフ・ブロワーで常に目いっぱいの空気を送り込むようにしていたけれど、酸素量が多すぎるのか少なすぎるのか、判断する手立てがなかった。もう一度製錬をやり直すにせよ、適切な量の酸素を供給しなければ、同じことの繰りかえしになる。ネットで探せば、僕と同じように自分で鉄の抽出を試みた人のレポートを読むことができるけど、失敗談ばかりが報告されているそれらを見るに、成功が保証されているとはとても思えない。

僕の「鉄の花」は、僕が木炭じゃなくてコークスを燃料として使ったために、不純物のたっぷり入ったピッグ・アイアンである可能性もあれば、溶鉱炉に空気を送りすぎたために、酸化した鉄である可能性もあった。あるいは、それらが混ざったものかもしれない。最初のケースであれば、それを溶かして、過剰炭素と不純物を燃やさなくてはならない。2番目のケースであれば、溶鉱炉に供給する酸素を制限したうえで、もう一度最初からやり直さなければならない。3番目のケースだったら……、お手上げだ。

いずれにせよ、溶鉱炉は再建しなければいけないのだけれど、2回目、あるいは3回目、4回目、そしてその後に続く試みが成功する確証はなかった。その都度、新しい溶鉱炉を準備するのは、色々な意味で非現実的だ。

あれ？　もしかして詰んだ？

## 電子レンジとズル

僕は、その後数日間、すっかり落ち込んでしまった。

しかし、いつまでも下を向いていられないと、僕は自らを奮い立たせ、仕事は楽な方がいいと願う人類の長年の伝統に従い、この苦境を乗り越えるための方策を探し始めた。

僕は、自分が物を温める時にどうしているかを改めて考え直してみた。火よりもオーブンが便利で、オーブンよりも電子レンジが便利だ。

さて、オーブンが摂氏300度までしか温度をあげられないのに対して、電子レンジはどうなんだろう？　電子レンジにはタイマーはついていても、温度計はついていないから、正確な温度はわからないけど、ほんの何十秒かで、冷めた夕飯がアツアツになることを考えるに、相当な高温に達しそうだ。銑鉄のかけら、あるいは製錬途中の鉄鉱石を電子レンジで1時間熱したら何が起きるだろう？

僕はネット上で、2001年に特許付与された、マイクロ波エネルギーを使って酸化鉄を溶錬する方法を発見した。特許に詳細に記されていたのは、産業用電子レンジを使用した方法だった。僕に産業用電子レンジを手に入れる術《すべ》はなかったけれど、家庭用の電子レンジならある。それでいいんじゃないの？

いやいやいやいやいや。

ちょっと待て待て。たしか僕は、産業革命以前の時代に存在していた道具と「基本

US006277168B1

(12) **United States Patent**
**Huang et al.**

(10) **Patent No.: US 6,277,168 B1**
(45) **Date of Patent: Aug. 21, 2001**

(54) **METHOD FOR DIRECT METAL MAKING BY MICROWAVE ENERGY**


(76) Inventors: **Xiaodi Huang**, 406 Second St., Houghton, MI (US) 49931; **Jiann-Yang Hwang**, Rte. 1, Box 137B, Chassell, MI (US) 49916


(*) Notice: Subject to any disclaimer, the term of this patent is extended or adjusted under 35 U.S.C. 154(b) by 0 days.


(21) Appl. No.: **09/502,518**

(22) Filed: **Feb. 14, 2000**

(51) **Int. Cl.**[7] ........ **C22B 1/14**; C22B 9/022
(52) **U.S. Cl.** ........ **75/10.13**; 75/10.14; 75/10.62; 75/770
(58) **Field of Search** ........ 75/10.13, 770, 75/10.14, 10.62



(56) **References Cited**

U.S. PATENT DOCUMENTS

3,942,260 3/1976 Nishitani .
3,953,196 * 4/1976 Obenchain ........ 75/10.15
4,147,911 4/1979 Nishitani .
4,321,089 3/1982 Kruesi et al. .
4,324,582 4/1982 Kruesi et al. .
5,131,941 7/1992 Lemelson .
5,280,149 1/1994 Schneider et al. .
5,393,320 2/1995 Gomez .

FOREIGN PATENT DOCUMENTS

WO-8904379-A1 * 5/1989 (WO) ........ 75/10.13

OTHER PUBLICATIONS

Derwent ACC No. 1988-114056 for JP 63-060239-A published Mar. 1988 by Nippon Kokan KK.*
N. Standish and H. Worner, "Microwave Application in the Reduction of Metal Oxides with Carbon," Journal of Microwave Power and Electromagnetic Energy, vol. 25, No. 3, 1990, pp. 177-180 no month.
R. Irving, "Taking a Powder", *Mechanical Engineering*, Sep. 1999, pp. 55-59.

* cited by examiner


*Primary Examiner*—Roy King
*Assistant Examiner*—Tima McGuthry-Banks
(74) *Attorney, Agent, or Firm*—Dykema Gossett PLLC


(57) **ABSTRACT**

A method for the direct preparation of metal from metal containing ore by applying microwaves, alone or in combination with other heating means, to extract metal from masses made by forming a powder of ore and an optional reducing agent. The method minimizes the expenditure of energy used to refine the metal, the level of contamination introduced into the metal, and the production of environmental pollutants.


**17 Claims, 5 Drawing Sheets**

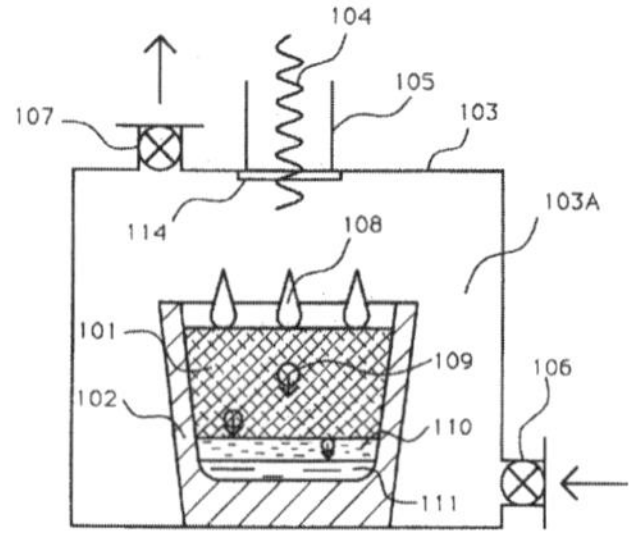


レンジ製錬の特許。
アメリカ合衆国特許番号:6,277,168 B1 (2001)

的に変わらない」道具を使ってトースターを作るというルールを決めたはずだ。レンジを使うことは、そのルールに抵触する気がしないでもない。

電子レンジって、そんなに炎と違うものなのか？　基本的には変わらないんじゃないの？

というわけで考えてみよう。

マグネトロンによって発生した電磁波で、分子を上下に素早く回転させることによって電子レンジは物を温める。少なくとも世間ではそう言われている。一方、酸化炭から放出されたエネルギーが、電磁波を介して変換され、それによって激しく動かされた分子が、あまり動かされていない分子と衝突することで物を温めるのが炎だ。その現象を言葉にして表現してみると、どちらも同じぐらい奇妙だ。とはいえ、告白すると、それでも僕はこの2つが、「基本的には変わらない」ものだとはちょっと思えなかった。というのも、実際的見地から言えば、火は2本の棒をただこすり合わせるだけでおこすことができるのに対して、電子レンジを作ろうと思ったら、まず鉄が必要なわけで……。

もういいって！

小さなセラミックのお皿のうえに、銑鉄と木炭を少少乗せ、セラミック・ウールで包む

あとはレンジで25分加熱するだけ！

鋼鉄を電子レンジに入れるっていう禁断の果実は、あまりにも魅力的すぎる。それに、特許の取得者が言うところによれば、電子レンジを使えば、コークスを使った時に比べて、半分しか有害物質が排出されないらしいじゃん。そもそも、あんなくだらないルールに拘泥《こうでい》する必要なんてない！

ということで、あっさりと自分を納得させた僕は、電子レンジでこのクズ鉄を、鋼鉄に変えるという試みを実行に移した。やり方はこんな感じ。

結果はご覧の通り。

うん、失敗だ。でも、前回とは違って、今回の失敗からは手ごたえを感じることができた。

今回、母親の電子レンジをお釈迦《しゃか》にするという授業料を払って僕が学んだのは、断熱はとにかく念入りにしなくてはなら

しっかりとセラミック・ウールを敷きつめておけば、超高熱の鉄の塊からレンジを守ることができる……はず……

ないということだ。25分間も「調理」された鉄のかたまりは、想像を絶するほどに熱くなり、その熱からレンジを守るためには、お皿をセラミック・ウールで包む程度では足りなかったんだ。

ということで、僕はお皿を包むだけではなく、レンジの内側にもセラミック・ウールを敷きつめ（ただし、マイクロ波を発射する導波管をふさがないように、その部分は穴をあけておく）、再度チャレンジをすることにした。

授業料を払った甲斐《かい》はあったようだ。僕はレンジから10ペンスコイン大の鉄のかたまりを取りだすことに成功した。

なんかよさげ？

セラミック・ウールで包んで取りだす

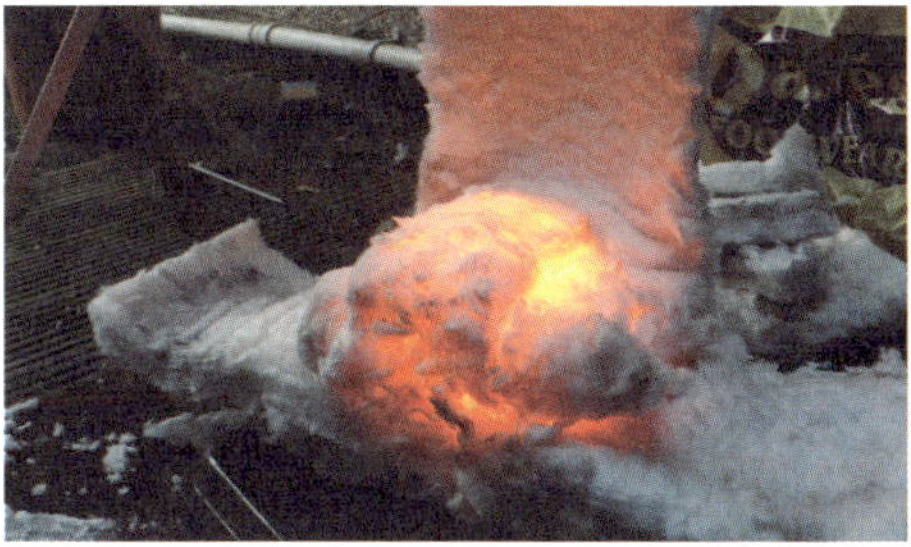

これは成功なんじゃないか？

ハンマーを振り落とすっ！

鉄をブロートーチで熱し、

そしてそいつを、借りてきた金床のうえに置いてハンマーで叩いてみると……。

砕けない！　ちゃんと平らになった！

後は、トースター1台に必要な鉄を作るために、そのプロセスをうんざりするほど繰りかえすのみだ。

その晩、初めての成功を収めた後、家路につきながら僕は、重くて純度の高い大量の鋼鉄が、都会ではありとあらゆる場所に転がっていることに圧倒されそうになっていた。街灯、下水のふた、歩道の柵《さく》などはすべて、巨大な鋼鉄のかたまりだった。周囲を何トンもの鋼鉄に囲まれながら、僕は製造業者であれば廃棄するような小さなかたまりを製錬できたことに大喜びしていた。

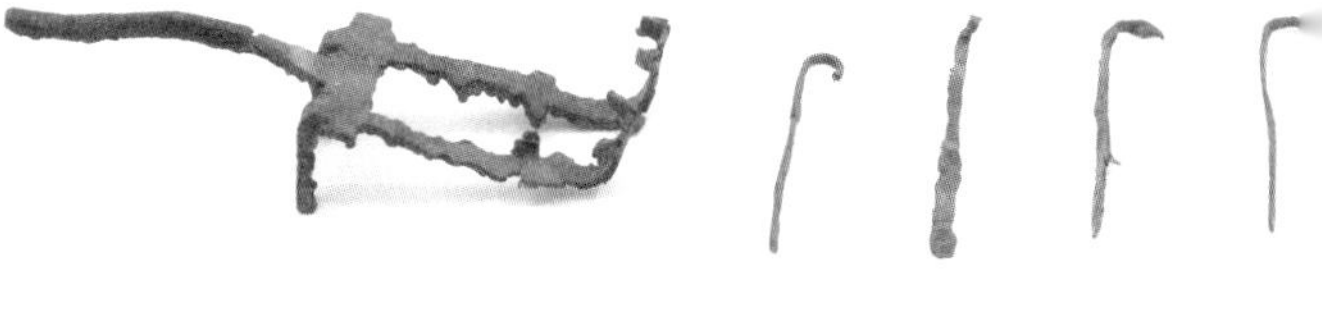

# 第3章

Mica

# マイカ

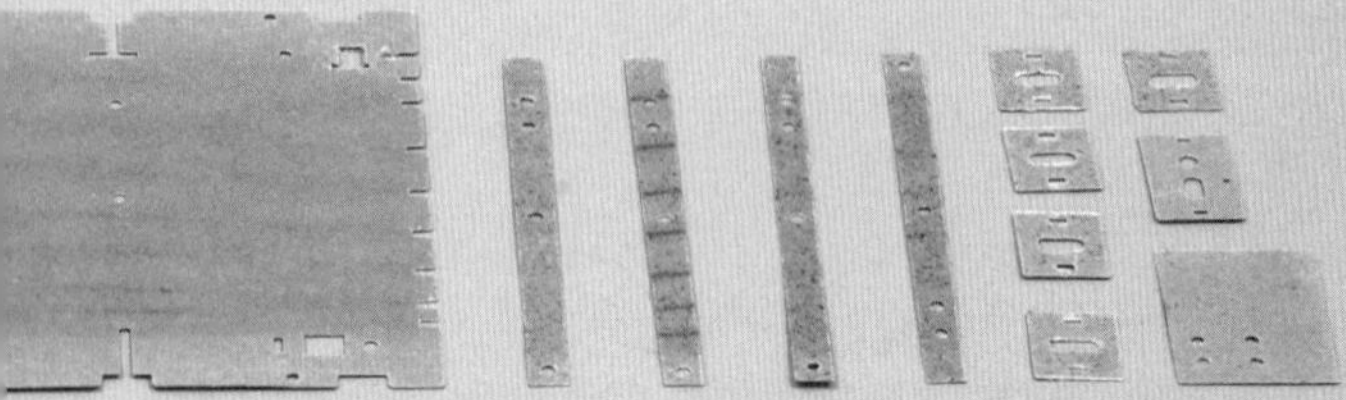

## イギリスの車窓から

トースターのなかの発熱体を包んでいる、厚紙に似た灰色っぽい銀色のシートは、マイカと呼ばれる天然の鉱物だ。マイカは、断熱材、あるいは絶縁体に適した特性をもっており、そのため、電気が通ることで高熱になるワイヤを保護するのに最適な物質とされている。

２００６年、全世界で生産されたマイカの総量は、31万トンにのぼる。それは４兆台分（世界の全人口一人あたりに５００台分）のトースターを作ることができる量だ。ということは、きっとマイカにはトースター以外の使い道があるに違いない。それはともかく、僕が必要としているのは小さな「シート」数枚程度だ（もしかしたらマイカの基本単位は「枚」じゃないのかもしれないけど）。世界でもっとも生産量が多いのは中国にあるマイカ鉱山だけど、残念なことに（あるいは、ラッキーなことに）、僕はその近くには住んでいない。ならば、国内でマイカを採ることができる場所を探さなきゃいけない。調べてみると、どうやらノイダートという場所に行けば、お目当てのものが手に入るかもしれないようだった。

ロンドンからノイダート半島へ

ノイダートとはスコットランド西海岸にある小さな半島で、マック島、エッグ島、ラム島の近くにある。陸続きであるにもかかわらず、ノイダートに続く道路は存在しない。そこに行くには歩いて山を越えるか（約1日かかる）、ボートに乗らなければならない。

そんなイギリスの最果てのような場所に、郵便局、小学校、そして「イギリス本土でもっとも辺鄙《へんぴ》な場所にあるパブ」とともに、マイカ鉱山が存在する。あるいは存在していた。

インドにあったイギリス所有の鉱山が利用できなかった第二次世界大戦中、

ノイダート行きのボート

マイカの供給源として、ノイダートの鉱山は稼働《かどう》していた。聞くところによれば、そのマイカはスピットファイアー（「ブリテンの戦い」でドイツ空軍と戦って勝利した戦闘機）の窓、石油ランプ、そしてラジオの部品を作るために使われたようだ。いずれにせよ、満足な交通手段もないことから察するに、戦時中といった緊急事態でもない限り、そこを鉱山として稼働させるメリットはないのだろう。１９４５年以降すぐに廃鉱にされたはずだ。とはいえ、そこに行かなければマイカが手に入らないのなら、行くしかない。準備を整え、出発だ。

まずは、ロンドンのユーストン駅から、寝台列車に乗り込み、スコットランド、フォート・ウィリアムまでの１７６４キロを16時間かけて移動する（16時間もかかるのは、乗客がよく眠ることができるように、ゆっくりと走行しているかららしい）。そしてフォート・ウィリアムについたら、マレイグ行きの電車に乗りかえ、２時間で59キロを移動する。ちなみに、この路線は人気旅行雑誌『ワンダーラスト』の「満足度の高い列車の旅２００９」の大賞に選ばれている（『ハリー・ポッター』シリーズのロケ地としても有名な高架橋も通過する）。そんな列車の旅を終え、マレイグからのボートに乗って45分間ゆられれば、ノイダートに到着だ。

出発から24時間後、サイモンと僕はノイダート半島のインバーリー村でボートをおりた。インバーリーの景色は本当に素晴らしかった。あんまり景色の話をすると、トースター本なのに紀行文めいてきちゃうから、割愛……、ええい、かまうもんか。トースター本が紀行文めいて何が悪い。とにかく、ここの絶景は息を呑《の》むようなものだったんだ。『インディペンデント土曜版』紙のインバーリーについての記事を引用しよう。

> ひとつの風景でスコットランドがこんなにも情熱的なドラマを見せてくれるなら、カナダやシベリアまで行く必要はあるだろうか？　ノイダートは、古代の地層が折

り重なった鹿《しか》の歩く一連の低い丘に向かって、太平洋からゆるやかに這《は》いだすように広がっている。力強い高原の麓《ふもと》にはインバーリーという集落があり、そこには約80人の住民が暮らしている。そして、その集落の向こう側には、壮大な山々が霧のなかで波紋のように広がっており、そこの雪は3月の中旬であっても、溶けることなく積もったままだ。ノイダートが最後の未開の地である所以《ゆえん》だ。

## ネットがなくても使える酔っぱらいがいた

話をマイカ探しの旅に戻そう。

ノイダートについたはいいけど、じつを言うと、僕とサイモンは、マイカ鉱山への行き方を知らなかった。以前そこに行ったことがあるという、フォート・ウィリアム在住のIT系のビジネスマンと落ちあうはずだったんだけど、仕事で忙しいらしく、彼は姿を見せなかった。代わりにそこの座標を送ってくれたので、それをグーグルマップに保存して、iPhoneで確認するつもりだった。ところがまずいことに、このiPhoneとかいうガラクタでGPSを使おうと思ったら電波が必要らしく、エベレスト山頂とは違い、スコットランドの高山からはインターネットに接続できないため、その手は使えないということになった。

ただ、ラッキーなことに、僕らが到着した晩、ノイダートではお祭りが開催されていたみたいで、多くの住人がたき火を囲んで集まっていたため、そこで情報を集めることができた。知りたかったことを教えてくれたのは、一人の酔っぱらいだった。その狩り好きなおじさん（自称・鹿のストーカー）と一緒に、普通じゃない量のウィスキーを飲み終えると、彼はおもむろに地図に線を引き、それをたどれば絶対に鉱山につくと保証してくれた。

## 神秘の山

なんとか、僕らは手掛かりを手に入れた。しかし、万全だとは言えない。冷静に考えれば、僕らはろくな装備ももたず、今や誰も足を踏み入れていない険しい山に入り、初めてあった酔っぱらいが適当に書いた地図の線を頼りに、大昔に廃《すた》れたマイカの採掘場を探そうとしているわけだ。めったに働かない僕の直感が、本当に慎重に行動しなければ取りかえしのつかない事態になってしまうことを教えてくれる。

夜明けから歩き始め、山腹に沿ってトレッキングしながら、僕らは前の晩に地図に

見渡す限りの絶景（それを楽しむ余裕はなかったんだけど）

引かれた、本当なのか疑わしいボールペンの跡をたどろうとしていた。すでにお昼はとっくに過ぎていて、太陽は傾き始めていた。ずいぶん高いところまで登ってきたにもかかわらず、僕らはまだ採掘場にたどり着けずにいた。僕らはもう、自分の位置さえもわかっていなかった。生まれも育ちもロンドンの僕らは、道も書かれていない地図を頼りに移動することに慣れていなかった。地図に書かれた川なんかを目印にするにも、ただの大きな水たまりと本物の川の違いなんてさっぱりわからない。

それ以上に問題だったのは、すぐにでもきた道を引きかえさなかったら、この険しくて岩がごろごろ転がっている山を、暗闇《くらやみ》のなかでくだる羽目になるということだった。僕らがもっていたライトは、僕のｉＰｈｏｎｅ用無料懐中電灯アプリ（画面が白くなる）と、サイモンが職場でもらってきたノベルティーグッズのペンライトだけだった。いくらなんでも、これはまずい。

しかし、だからといって、何ももち帰らず、すごすごときた道を戻るなんてことは、絶対にしたくなかった。その強い気持ちに背中を押されるように、僕らはもう少し先まで歩を進めた。

この神秘の山は、僕らを大いに翻弄《ほんろう》してくれた。見渡しのよさそうな場所に移動しても、そこには視界を遮る岩があり、その岩が邪魔にならないポイントに行くと、別の岩が立ちはだかる。しかも、その岩の向こうに必ず鉱山がありそうなものだから、とにかく先に先に進まなくてはならないという気になる。しかし、そうやって文明から一歩ずつ遠ざかることは、二人にとって、とても危険なことであることも僕は知っていた。どこかの地点で、僕たちはきた道を引きかえさなくてはならないし、太陽はもうすでに沈み始めていた。

でも、僕は絶対に、絶対に、手ぶらのまま帰りたくないと思っていた。

とはいえ、遠く先の水平線が今にも太陽を飲み込もうとしているのを見るに、さすがに潮時は近い。いいところまできているに違いなかったので、本当にやりきれなかったけど、断腸の思いで、僕は帰る決意を固めた。でも、その前にもうちょっとだけ、と僕はあたりを見渡した。

うん、何もない。あきらめよ……ん？　なんか、キラキラ光るものがある。もしかして……。

マイカだ‼

岩肌を登り、まるでまわりの岩から生えているかのように見える、その奇妙で透明な鉱物を持参したペンナイフを使ってはがしてみた。言われてみればマイカはたしかにシートみたいで、しかもミルフィーユ状に重なっているそのシートの層をはがすことによって、さらに薄くすることができる。僕は、トーストよりも少し大きめのサイズのシートを3枚集めて、それをノートに挟み、きた道を戻り始めた。

このうえなく美しい夕日が、帰りの山道を照らしてくれたので、足元の心配はしなくてよかった。麓にたどり着くと、ようやく出番が訪れたサイモンのペンライトで街灯のない道を照らしながら、祝杯をあげにパブへと向かった。そして、数杯のビールと、地元の人とのおしゃべりを存分に楽しんで、僕らはこの長い一日を締めくくった。

目的地にたどり着けたかどうかは正直不明だけど、いずれにせよマイカは見つかった。マイカはペンナイフでびっくりするくらい簡単にはがせた

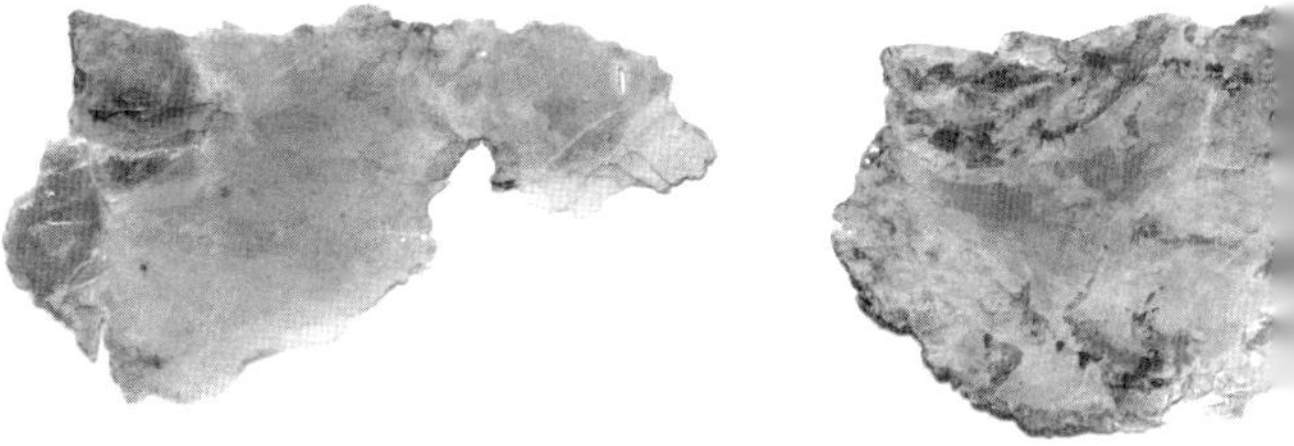

# 第4章

Plastic

# プラスチック

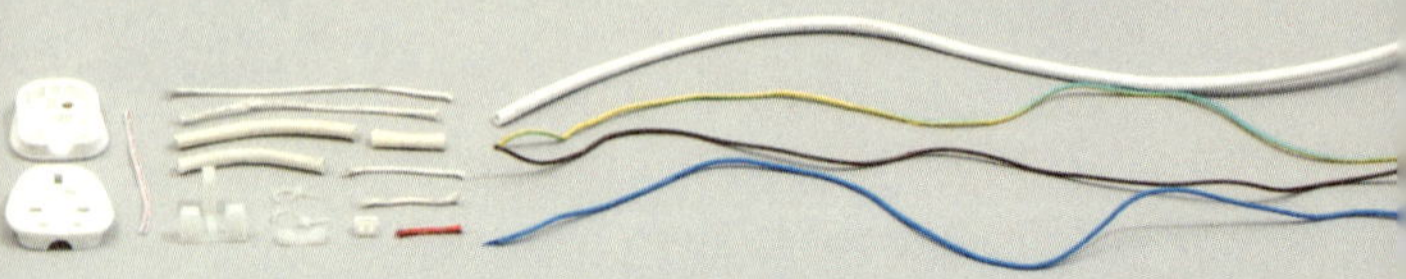

## 化学の時間

大量生産品と言えば、プラスチックだ。そして、プラスチックと言えば大量生産品だ。僕から言わせれば、アルゴス・バリュー・レンジをアルゴス・バリュー・レンジたらしめているものは、あのツルツルでピカピカのプラスチックの筐体《きょうたい》だ。内部のごちゃごちゃした部品を覆《おお》っているあの筐体があるからこそ、僕らはあれをトースターだと認識できる。

一般的なプラスチック（つまり、根強い人気を誇るプラスチック）としては、ポリエチレン、ポリプロピレン、高密度ポリエチレン、ポリエチレン・テレフタラート、ポリブチレン・テレフタラート、そしてアクリロニトリル・ブタジエン・スチレンなどがあげられる。これらはすべて、石油や天然ガスから抽出されるものだ。

今回僕が作ろうと思うのは、広く電化製品などに使われており、比較的シンプルな（そうらしい）、ポリプロピレンと呼ばれるプラスチックだ。

中学時代に僕が身につけた化学知識の真価を発揮するときがきた（先に言っておくと、化学の成績はAだった。その節はお世話になりました、ディブスダール先生）。

地面から採掘されたときの原油は、何百もの異なる炭化水素分子で構成されている。炭化水素分子とは、炭素原子と水素原子が結合したものだけど、それぞれの分子の大きさ（炭素原子や水素原子の数で分子の大きさは変わる）によって分類されている。

石油精製所の仕事は、原油を蒸留させることで、この異なったサイズの分子をわけることだ。大きなサイズのものは、ヘドロ状に混合され、それは道路を作るためのアスファルトなどとして使用される。僕たちがガソリンと呼んでいる液体は、もう少しばかり小さな分子（例えばヘキサノールやオクタン）の混合体だ。

それよりもさらに小さいのが、エタン、プロパン、エチレン、プロピレンなどと呼ばれるものだ。それらは、炭素原子を1つか2つしかもたないほど小さな分子なので、常温・標準圧においては気化している。つまり、ガスだ。

これは僕にとっては問題だ。だって、僕が欲しいのはガスなんかじゃなく、プラスチック（のもととなるプロピレン）なんだから。

しかも、原油のなかに含まれるプロピレンの割合はごくわずかでしかない。十分な量のプラスチックが欲しいなら、大量の原油を調達しなくちゃいけない。

あるいは、「クラッキング（熱分解）」という技術を用いれば、大きな分子を小さなものに分解することで、お目当ての分子を精製できなくもない。また、「スーパークラッキング」という手法なら、さらに小さいメタンのような分子を逆に結合させてプロピレンをえることもできる。とはいえ、そうするには当然、その技術をマスターしている必要があるし、そうする以前に、原油を手に入れ、分子を大きさ別に分離させないといけない。

しかもつらいのは、そこまでやっても、スタートラインに立ったにしか過ぎないってことだ。必要なプロピレンガスを手に入れることができたら、そこからさらに、それを固体のポリプロピレンプラスチックに変えるプロセスが待っている。プラスチックを生み出すには、最低でも数千もの小さなプロピレン分子を結びつけ（重合させ）なくちゃならない。僕らが普段目にしている、あのピカピカのプラスチックの筐体は、何百万ものプロピレン分子が絡《から》みあったものだ。

プロピレン分子を重合させるには、ガスに連鎖反応を引き起こす必要がある。連鎖反応は、プロピレン分子が摂氏約１００度まで熱せられたうえで、標準大気圧の約13倍もの圧力を受けた状態じゃないと起こらない。その状態でフリーラジカル（遊離基。

不対電子をもつ分子）をトリガーにして、酸化反応を連鎖させると、プロピレンが重合する（さらに言うなら、重合が規則正しくされるためには、特別な触媒が必要となる）。

ともかく、プラスチックを作るには高圧で熱する必要があるということで、僕はｅＢａｙで圧力鍋《あつりよくなべ》を購入した。だけど、その鍋をインドから送ってくれたナイスガイは、取扱説明書をつけ忘れていたから、安全弁が作動する圧力がいくつなのかわからない。まぁ、一般的な圧力鍋と大して変わらないとするなら、だいたい１・５気圧くらいで作動するんじゃないかと考えられる。でも、それは必要な圧力の約10分の１だ。もちろん、安全弁を固定したらそれよりもあがるわけだけれど、安全弁は鍋が爆発しないように取りつけられているわけで……。

このシナリオはダメっぽい。

僕がやろうとしているのは、腐食性の過酸化物と高可燃性ガスを、安全弁を固定した圧力鍋で一緒に加熱する、ということだ。これは本質的には、爆弾を作っているのと同じだ。家庭用の電子レンジを１５００度まで熱することも十分にバカげたことだけど、裏庭で家を木端微塵《こつぱみじん》にしかねないものを作るのは、その比じゃない。

シリアーズ教授は、プラスチックを甘く見るなと僕に警告していた。彼はわざわざランチタイムを費やしてまで、二人の化学者と石油からプラスチックを生成する方法を議論してくれたみたいだけど、両者とも結論は「無理」ってことだった。

でもトースターのプラスチックの筐体を作ることは、僕にとっては不可欠だ。

まあとにかく、やってみるしかないさ。まずは重要なことを片づける。とりあえず、石油を手に入れなくちゃ。

**BP社広報**（以下・BP）　はい、BP社広報課です。ご用件は？

——こんにちは。トーマス・トウェイツと言います。ロンドンにあるロイヤル・カレッジ・オブ・アートの学生です。僕がやっているプロジェクトのことでどなたかとお話しできればと……。

**BP**　少々お待ちください。担当者に代わります（しばし沈黙）。もしもし、ロバートです。

——こんにちは、ロバートさん。トーマス・トウェイツと言います。ロンドンのロイヤル・カレッジ・オブ・アートに通う学生です。

ＢＰ　どうも、こんにちは。

――僕のプロジェクトについてお話しできればと思って、連絡させていただきました。ＢＰ社もそれに興味をもたれるんじゃないかと。僕はトースターを作ろうと思ってまして。

ＢＰ　ええ、はい。

――僕はそのトースターを一から作ろうと考えているんです。つまり、原材料から作るということなんです。クリスマス前に鉄鉱山に行って、鉄鉱石を手に入れてきました。それを製錬して、今、焼き網のバーにし終えたところです。

ＢＰ　なるほど。それで、我が社がどのようにお手伝いできると？

――トースターの筐体はプラスチックですし、プラグの型もプラスチックで、電源コードの絶縁体もプラスチックです。それでプラスチックは石油から作られますよね？

ＢＰ　ああ、そうですね。

――ＢＰ社は石油を採掘されてますよね？

ＢＰ　はい。

――それで、できればそちらに伺って、ヘリコプターに乗せてもらって、石油採掘場まで連れて行っていただいて、バケツ1杯分ぐらいの石油をもらうっていうのは無理かなぁ、なんて……。

BP　なるほど。でも、石油採掘場にヘリで向かうのは、簡単なことじゃないんですよ。

――わかっています。ただ、もし空いている席があったら僕も一緒に行けないかなあと。

BP　ヘリコプターに空きの座席はありません。とにかく、簡単にできることではないんですよ。緊急時のトレーニングをしなくてはいけません。そのコースは数日……（後方で何か言う声）いや、1週間かかるみたいです。

――そうですか……（そういえば昔、テレビでそういう訓練を見たことがあった。あれ、すごい楽しそうだったんだけどなぁ）。1週間だったら大丈夫ですけど。

BP　先週北海でヘリコプターが墜落したの、知ってます？

――いや、すいません、知りません。

BP　事故があったんですよ。全員助かりましたが、それは彼らが訓練を受けていたからなんです。言ったように、簡単なことではないんです。そして、原油は扱いが生やさしい物質ではありませんよ。実際には、あまりにも危険性が高いのでヘリコプターには決して積み込まないのです。容器がバケツであるのなら、特に。

――缶はどうですか？　ボートで行くことはできます？

BP　我々はあなたが行っているスケールの仕事はできないんですよ。タンクローリー1台分欲しいと言うのであれば、なんとかできるとは思いますが……。

――でも、これはBP社さんにとってのPRにもなると思うんですが……。

BP　どういった意味で？

――僕のプロジェクトはブログに記録していますし、『ニューヨーク・タイムズ』のジャーナリストや、『ワイアード』誌からも連絡があったし、ユナイテッド航空の機内誌『エミスフェール』にも記事が掲載されたんです。

BP　BPが協力できるとは思えませんね。取りあげられているのはあなたであって、BPではないわけですし。

――でも、BPのイメージもあがると思うんです。「若者のトースター作りを応援する超巨大企業」って感じで。

BP　うーん、ちょっとわかりません。同僚と少し話をさせてください。どうやって協力できるか考えがついたらまた連絡します。

――ありがとうございます。後悔はさせませんから。僕の電話番号は……。

## 工作の時間

きっと協力してくれるに違いないＢＰ社からの連絡を待つ間、僕はプラスチックを筐体の形に成型するのに必要な、型の製作に取りかかった。

通常、空洞に高温のプラスチックをとてつもなく高い圧力で注入することに耐えられるように、あるいは、冷却したときにプラスチックがムラなく固まるように、トースターの筐体を作る型は、鋼鉄でできている。それを再現するには、洗練された技術とバカ高い費用が必要だ。

ということで、僕の場合は木材で作ることにした。木を彫るにはハンマー、のみ、木のかたまり、そしてありったけの根性があれば事足りるからだ。

肝心の木材は、道を隔てた向こうにある公園で、管理業者がちょうど木を切り倒していたことで、あっさり手に入った。僕にとっては絶好のタイミングで、木にカビが生えたのだそうだ。僕は幹の部分の大きなかたまりを２つ手に入れ、２つあわせたとき、ちょうどトースターの筐体の形に空洞ができるように、凹と凸を彫り始めた。

難しいのは２つの型をマッチさせることだ。凹と凸との間の空洞が、全体的に均一

ハンマーとのみを手に木を彫る

凹と凸がちゃんと嚙み合うかをチェックしているところ。これがなかなか難しい

でなければ流し込んだ溶解プラスチックがちゃんと成型されることはない。もちろん、2つのパーツをあわせてしまうと、隙間《すきま》が厚すぎるか薄すぎるのかを目視で確認できないので、もう少し削るべきか否《いな》かを判断するには、揺さぶったり叩《たた》いたり、試しに粘土を型で成型してみたり、あるいはなかなか思い通りになってくれない木に対して悪態をついたり、まぁ、色々やらなくちゃならない。

それでも、天気はよかったし、スクリーンの前で3‐Dのデザインソフトを使ってトースターを設計するより、外で彫刻作業をする方がずっと楽しいことのように思えた。

今回僕は、結果は使うツールによって決定づけられるのだということを、身をもって知ることになった。

例えば、コンピューターのソフトを使う場合、放っておけば勝手に滑らかでまっすぐなものができあがるけど、半面、ムラのあるものを作るのは難しい。対して、手作業の場合、できあがるのはごつごつとしたものになりがちで、ツルツルのものを作るには本当に長い時間がかかる。

個人的な意見としては、製品にはもう少し表面にムラがあっていいと思っている。断じて言い訳じゃない。

型の「凹」

型の「凸」

1週間ぐらい経過しても、僕は依然として型を彫り続けていた。そして、BP社からの返答もまだなかった。僕は心配になり始めていた。

数日後、とうとう型を完成させたが、それでもBP社からの返答はなかった。僕は再び電話をかけることに決めた。ロバートはぶっきらぼうに、「ありえない」と答えた。

僕がBP社と話をしたのは、BP社のもつ石油掘削施設のディープ・ウォーター・ホライズンから、大量の原油が流出した事件の前のことだった。ロバートも今頃大忙しだろうけれど、世間の目先をあの大事故からそらすために、能天気な男がトースターを作るという物語に協力してくれるかもしれない……。無理か。

いずれにしても、BP社の化石燃料からプラスチックを抽出することが、最後の手段というわけじゃないんだ……。

## 料理の時間

世のなかのプラスチックのすべてが石油からできているわけじゃない。植物、あるいはバクテリアから抽出される「バイオプラスチック」を使っているものも多いんだ。

というより、もともとプラスチックは植物由来のものだった。ベークライト（フェノール樹脂）登場以前のプラスチックはすべてバイオプラスチックで、それはピアノの鍵盤《けんばん》やビリヤードのボールとして使われるために（つまり、絶滅しつつある象牙《ぞうげ》の代替品として）発展していった。

ＰＬＡ、またの名をポリ乳酸は、使い捨てカップを作るために使用されるバイオプラスチックだ。

乳酸と聞いて僕は、「運動をしたときに起きる筋肉痛の原因は、乳酸の増加によるものだ」という話を真っ先に思いだした。でも、エアロビに励んだ後、自分の筋肉から乳酸を抜くというアイデアは、ちょっと恐ろしすぎるので即座に却下した。

どうやら、バイオプラスチックに用いられている乳酸は、さとうきびなどを微生物発酵させて作られているらしい。そしてそれがあれば、石油なしでも、標準的なポリエチレンを作るのだって可能だということだ。やることは、砂糖を発酵させてエタノールにし、それをエチレンに変質させて、云々《うんぬん》。これなら僕にもできそう。助言をえるために、僕はナショナル・ノン・フード・クロップス・センター（非食用作物センター）に連絡をとった。

From: Thomas Thwaites<thomas@thomasthwaites.com>
To: a------@nnfcc.co.uk
Date: 19 March 2009 18:08
Subject: The Toaster Project and Plastics?

エイドリアン様

水曜日に僕の「トースター・プロジェクト」と、自家製ポリプロピレンの実現性について少しお話しさせていただいたトーマス・トウェイツです。同僚の方と相談したうえで、僕のトースターに使うプラスチックを作る方法があるかどうか、検討していただけるとのことでしたが、いかがでしたか？　ちなみに、圧力鍋はすでに買いました。高圧力で材料を「料理する」準備は整っています！

返事を楽しみにしています。

トーマス

From: Adrian Higson<a-------@nnfcc.co.uk>
To: Thomas Thwaites<thomas@thomasthwaites.com>
Date: 20 March 2009 11:21
Subject: Re:The Toaster Project and Plastics?

こんにちは、トーマス。

とりあえず、どう作るかを考える前に、まずはプラスチック生産の複雑さを理解する必要があると思います。金属の生産よりはるかに複雑なんです。

とにかく、経なければならない工程の数が違います。ご存じの通り、金属は熱したり冷ましたりすることで、物理的に精製されます。一方でプラスチックは、それに加えて、化学的に結合した分子を分離させ、再び結合させるといったプロセスを経る必要があります。そして、その工程においては、温度、圧力、化学薬品の調合具合などを厳重に管理しなければならず、さらに化学反応のトリガーとなる、触媒もなければなりません（つまり、原材料だけではプラスチックは作れないのです）。

どんなプラスチックを作るにせよ、何段階ものステップを経る必要があります。もっともシンプルな重合体であるとされているポリエチレンにしても、単一の工程では抽出できませんし、トースターに使われているポリブチレンテレフタラートに関して言えば、最低でも6段階の化学転換を経ることが求められます。

ただ、どうか落胆しないでください。他の部署と議論したところ、あなたがチャレンジできるかもしれないやり方も見つけることができました。もし、そのことについて興味があるようでしたら、喜んでお話しさせていただきたいと思います。

生産の複雑さに話を戻しますが、こう考えてはいかがでしょう。人間は鉄器時代から鉄を作ってきましたが、プラスチックについてはまだ100年に満たない歴史しかありません（というより、一般的にプラスチックが生産されるようになったのはここ60年ぐらいなのです）。鉄器時代からプラスチック製造まで人類が費やした時間の長さは、複雑さの違いを示していると私は考えています。

それでは。

エイドリアン

決して勇気づけられる返信ではなかったけれど、それでもわずかな希望の光はあった。どうやらでんぷんからでもプラスチックは作れるらしく、それなら僕にもできるかもしれないということだった。
　ということで、僕は必要なでんぷんを確保すべく、何百万年も前から地中に埋まっている化石燃料ではなく、新鮮なじゃがいもを掘り起こした。これから、それをプラスチックに変える。それが、僕が当初考えていたポリプロピレンとはかけ離れたものであるとしても。

［レシピ］
・生のじゃがいもを切る。
・混ぜる。
・カフェティエール（ピストンのついたプレス式のコーヒーポット）を使って、じゃがいもから水分を絞りだす。
・壁に飛び散ったじゃがいもをきれいに掃除する。
・絞りだした水分を裏ごし器で漉《こ》す。
・漉した液体を放置し、成分が沈殿するのを待つ。
・上澄みを捨てる。
・そうして残った、とても細かなじゃがいもの粉に、酢とグリセリンを入れ、鍋で煮込む。

すると、10分ほどで半透明のネバネバができあがる。この鼻水みたいな（失礼）やつが、じゃがいもプラスチックのようだ。

クッキングをしているようにしか見えないだろうけど、作っているのはプラスチックです

大量のじゃがいもプラスチックを型に流し込む

熱いじゃがいもプラスチックを型の半分に流し込み、もう片方をそのうえにかぶせ、自分の体重を使って、2つをきっちりとはめこんだ。そうすることで、余分なじゃがいもプラスチックが型のまわりからはみだす。そして固まるまで待つというわけ。

数日後、2つの型をこじ開けてみた。プラスチックが型をぴったりと貼《は》りつけてしまい、バールが必要だった。空気に晒《さら》されていたプラスチックは固まっていたけど、型内部の液体はラード状のままだった。

このままじゃダメそうだ。なので、僕は再び型を閉じるのではなく、そのまま放置することにした。トースターの筐体がなんとか上手《うま》く固まるように祈りながら。

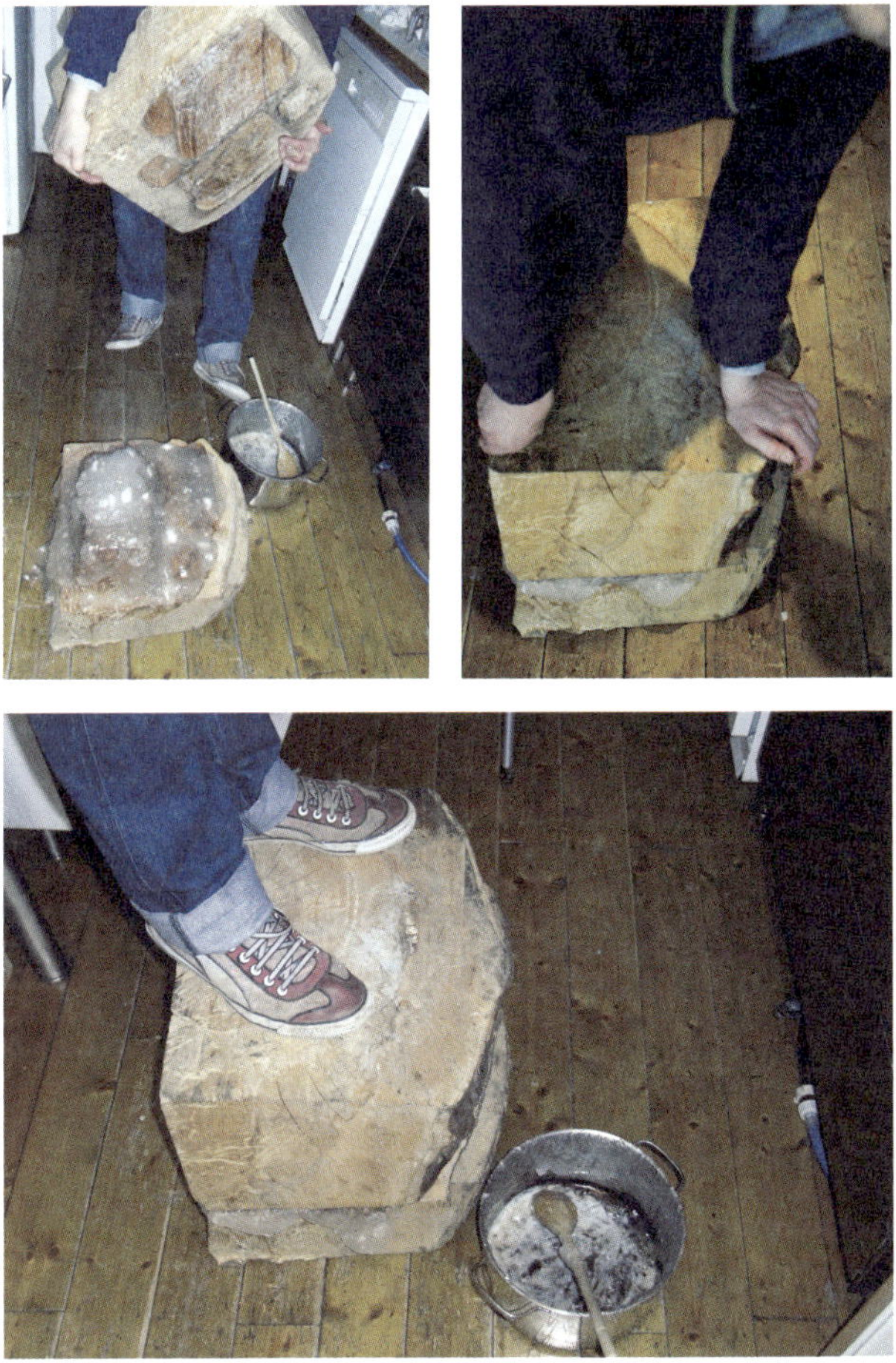

体重を使って、型を固定する

ほとんど固まっていない……

成功しかけたように見えたけど……

時間とともに、ひび割れていく「じゃがいもだったもの」

数日間、家のなかに充満する酢の臭《にお》いに悩まされながらも、僕はそのプラスチックをながめ続けた。しかし、それは無情にも、乾いていくにつれてどんどんひび割れていった。また失敗だ。

## 歴史の時間

状況を整理しよう。原油はまず手に入れられそうにない。そして、みんなが忠告してくれたように、それをプラスチックに変えるのは、個人レベルでできそうな作業ではない。バイオプラスチックにしても同様だ。唯一《ゆいいつ》、実現の可能性がありそうだったのは、じゃがいものプラスチックだったけど、結局固める段階でひび割れてしまった。ならば、「原材料」として廃棄してあるプラスチックを拾ってきて、それを再加工してトースターの筐体を作るという案はどうだろう。いや、廃棄プラスチックは「原材料」とは言えないと考える人もいるだろうことはわかっている。でも僕の考えは少し違う。ちょっとした水平思考をしてもらえれば、プラスチックも原材料のカテゴリーに入ることがわかってもらえるはずだ。

近年、地質学会では、新しい時代――「人類の時代（アントロポセン）」――の幕開けを宣言すべきか否かという、激しい議論が行われている。毎年新しい時代が始まるわけではない地質学の世界では、これは一大事だ。

世界の地質は人間の手によって大きく変化しており、ゆえに、そうした際立《きわだ》った変化がみられる産業革命以降の時代を「人類の時代」と称し、他の地質学的な時代区分から差別化して考えよう、というのがこの議論の出発点だ。

遠い未来の地質学者たちが現代の地層を調べたとすると、多くの種の化石の消滅、放射性物質の急激な増大、「新たな分子」の出現、といった変化を検知するだろう。そして、その「新たな分子」の正体は、僕たちが廃棄した（ポリプロピレンなどの）化学製品だ。ということは、遠い未来、地中のプラスチックのかたまりも、鉄鉱石などの岩と同列のものとしてとらえられることになるはずで、つまり「人類の時代」においては、それを「採掘」したとしても、ルール上、問題ないということになる。

ええ、ルールの拡大解釈だということは認めますけど、そのルールは僕が作ったものだから、僕が破りたかったら破ってもいいんです。

廃棄されたプラスチックを、まったく新しいプラスチックに作り替えるという業務を請け負っている、「アクソン・リサイクリング」という中小企業がマンチェスターにある。

僕は、「プラスチックのエコ利用」に関するカンファレンスに出席したとき、その会社の共同経営者の一人でもある、キース・フリーガード氏に出会った。ゴミ置き場から「採掘」したプラスチックを溶かして、それを新品のトースターにするにはどうすればいいか、彼に聞いてみた。

キース・フリーガード氏とのミーティング

キース曰《いわ》く、リサイクリング業界は課題が山積みだとのことだった。多くの電化製品はさまざまな材料でできた、無数のパーツによって作られているけど、それを解体、分解するのは非常に難しい。そして、別の材質が混入したリサイクル素材は、その元となったものに比べて、品質が大幅に低下してしまう。つまり、電化製品をリサイクルにまわしても、再び電化製品に使うに足る質の部品を得ることは難しいということだ。

何度もリサイクルを重ねるにつれ、製

品として使えないところまで質が落ちてしまった素材は、最終的には廃棄される。これは、「ダウンサイクリング」と呼ばれる。

そうした廃棄場にいくまでの期間を少し延長するだけのダウンサイクリングではなく、同じ質の素材を繰りかえし生産できる、「循環型」のシステムを確立することが、リサイクルにおける理想だけど、その道のりはまだ長そうだ。

ただ、業界レベルと、個人レベルとでは話が変わってくる。自分一人でプラスチックを溶かして再成型すること自体は、さほど難しくなさそうだ。キースが教えてくれたところによると、ポリプロピレンは摂氏約160度で溶解する。つまり、普通のバーベキューコンロで作ることができる。しかも、それほど危険なプロセスでもないとのことだった。

キースの工場の古いプラスチックを溶かす場所では——当然ながら——プラスチックを溶かすときの臭いが充満していた。CDケースの包装を開けたときと、同じような臭いだ。僕はそれが有害か聞いてみたが、刺激性の臭いにもかかわらず、熱せられたプラスチックが引火しない限り、問題ないそうだ。つまり、裏庭で作業しても構わないということだ。となれば、あとは材料を手に入れて、実際に筐体を作るまでだ。

原材料を「採掘」するために、僕はゴミ処理場にいく必要もなかった。僕が住んで

アクソン・リサイクリングの工場を見せてもらう。工場見学はいつでもワクワクする

いるロンドンのニュー・クロス通りには、たくさんのプラスチックの製品が不法投棄されていたからだ。不法投棄されたゴミの山の一つに突撃して、割れた黄色のプラスチックのバケツと白いプラスチックの赤ちゃん用歩行器を手に入れた。両方とも僕が必要なポリプロピレンから作られていた。

最初の試みは大失敗に終わった。

赤ちゃん用歩行器をハンマーで砕いて、煮豆用の鍋に入れてバーベキューグリルで熱してみると、なかのプラスチックは柔らかくなり始めた。ここまではよかった。ただ、本来だったらそこまで熱すれば十分なのに、液状になるまでそれを溶かさなければならないと考えていた僕は、加熱を続け、そのプラスチックを発火させてしまい、そこから（どう考えても有害な）ガスがもくもくとあがる事態を招いてしまった。

もうちょっと頭を使わないとだめだ。

例えば、ケーキを作るのに使うチョコレートを溶かすとき、直接熱するようなことはしない。湯せんする（鍋を二重に使い、内側に材料を、外側には湯を入れ、熱する）ことで、熱を分散させて焦《こ》げつきを防ぐのが基本だ。

僕は、そのお料理テクを応用してみることにした。要は、湯せんと同じ要領でプラスチックを熱するんだ。ただし、より高い温度で熱するために、お湯ではなくサラダ

アツアツのプラスチック

油を使って。

今回は上手くいき、拾ってきたバケツの欠片《かけら》は、徐々に溶け、黄色いプラスチックになりつつあった。そして、それがベタベタし始めたとき、僕はそれをすくいだして、型に流した。冷めてしまう前にすばやく、もう一方の型をもちあげてはめ込み、型穴のまわりに溶解プラスチックが出てくるように、自分の体重をかけた。

その後、型をこじ開け、僕は無事成型されていたトースターの筐体と初めての対面を果たした。うれしくてたまらなかった。

型を開けると……成功したっぽい！

トースターの筐体、完成！

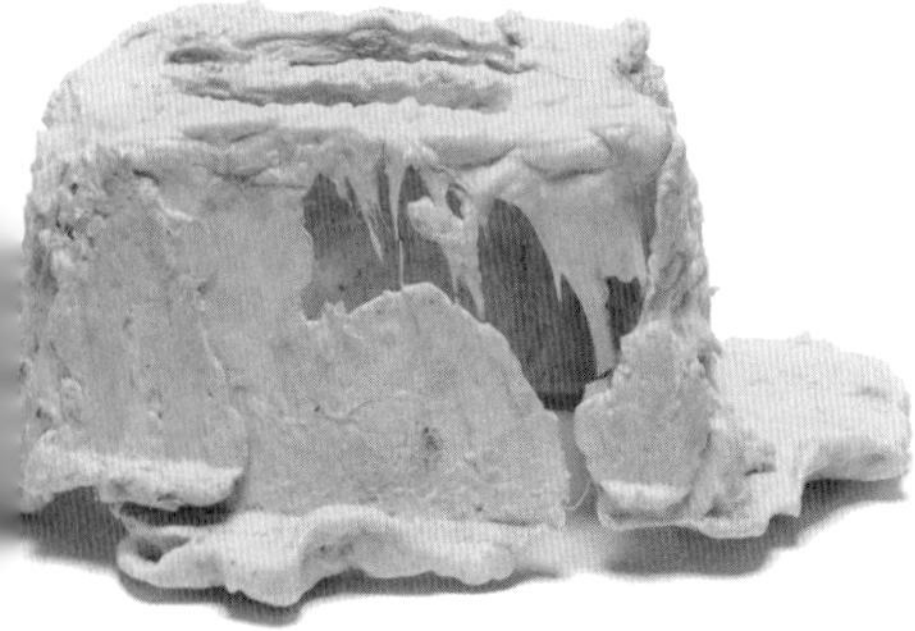

# 第5章

# Copper
# 銅

## 「泡」が人類に富と時間をもたらした？

銅を手に入れるにはどうすればいいかを知るために、僕は再びシリアーズ教授のもとを訪れた。

シリアーズ教授の専門分野は「泡」だ。金属について教えている大学教授が泡を研究しているのは、なんだか妙に感じるけど、まぁ、僕たちの住む世界はもともと妙な場所だ。

鉱石から金属を抽出するやり方の一つに、「フロス浮選《ふせん》」と呼ばれるものがある。僕の理解が正しければの話だけど、「鉱石を粉状になるまで細かく砕いたうえで、それを水と植物油の入った大きな桶《おけ》で泡立つまでかき混ぜることで、金属とそれ以外の成分を分離する」というのが、その手法の概要だ。一般に金属類は疎水《そすい》性（水に対する親和性が低い）で、鉱石に含まれる他の成分は親水性なので、金属の粒子は水面上の油性の泡の表面に濃集し、他の成分は沈殿する。水面上にはキラキラ光る金属を含んだ泡ができあがり、それをすくうことで、金属を抽出できるというわけだ。

おそらく、フロス浮選の全容はもう少し（少なくともシリアーズ教授がキャリアの大半を費やして研究するに値するほどには）複雑なのだろうけど、まぁ、概要はそんな感じだ。

泡の研究・改良の目的は、泡で回収できる金属量を増やすことにある。それぞれの泡で回収できる金属量の増加はわずかであっても、その差は大規模な抽出になればなるほど大きな違いとなり、結果的に業者の大きな利益につながる。

シリアーズ教授はきっと、トースターのおかげで、毎朝パンを焼くのに多くの時間をかけずに済んでおり、そこで節約できた時間は泡の研究にあてられているはずだ。そして、彼が泡の研究を進めていることで、銅（などの金属）の抽出作業の効率は向上し、おかげでトースターがより安価になり、多くの家庭がそれを購入することができている。そして、人々がトースターのおかげで節約できた時間は、他の有意義なこと（例えばアートスクールに通って、トースターを一から作るというバカげたプロジェクトを始動させることなど）に費やされる。

アダム・スミスは『国富論』（1776年）でこれと同じようなことを記している。

　最初の蒸気機関では、ピストンの上下にしたがい、ボイラーとシリンダーの間の通路を交互に開閉するために、常に少年が一人雇われていた。仲間と遊ぶことが大好きだったそのなかの一人が、この通路を開くバルブのハンドルから機械の他の部分に紐《ひも》を結ぶことで、彼の操作抜きでバルブが開閉し、仲間と遊ぶことができることを発見した。蒸気機関が発明されてから、この機械に対して行われた最大の改善の一つが、仕事を減らしたかった少年によって、こんな具合にして行われたのだ。

　しかしながら、機械類の改善のすべてが、機械を使用している人物によるものだったわけでは決してない。多くの改善は、機械を製作することが特別な職業となった時代、機械を製作した人々による創意工夫からもたらされた。また改善のいくつかは、思想家または思索家と呼ばれる人々によって成し遂げられた。彼らは物事を観察することを職業としているから、もっともかけ離れた物事と、似ても似つかない物事の力をあわせる能力があった。社会の発展にともない、学問や思索は他の仕事と同じように、特定の階級に属する市民の、主な、そして唯一《ゆいいつ》の職業になりえるのだ。そして他の仕事と同じように、この仕事も多数の分野に細分化され、その一つひとつが学者の仲間や階級に仕事を与えることになる。このような学問における仕事の分割は、すべての他の仕事と同じように、技能を上達させ、時間を節約する。

特定の分野において各人がより専門的になり、全体的に見れば、よりいっそうの仕事をこなし、科学的知識の量はそれによって大幅に増加した。

よく管理された社会においては、最下層の民まで富は行きわたるが、こういった富を引き起こすのは、分業をしたことで生じる多くの技術による生産物の増加に他ならない。職人は誰でも自分の必要とする以上の製品を多くもっており、また他の職人もこれと同じ状態になる。彼は自分の多くの財産を他人の多くの財産と、あるいは同じことではあるが他人の多くの財産の価格と交換することができる。この職人は、他の職人に対して彼らが必要とするものを多く供給し、逆に彼らはこの職人に対して彼の必要とするものを同じく十分に与えることによって、豊かさが社会のさまざまな階級の人々に行きわたるのである。

さまざまな技術が発展し、それによって人々に求められる労働力が減少すれば、必然的に製品のコストは下落し、より多くの人がそうしたものを手にすることができる。つまり、みんなが豊かになる、ということだ。

1980年に、環境保護主義者であるポール・エーリックと彼の仲間、そして経済学者のジュリアン・サイモンとの間で取り交わされた有名な賭《か》けがある。エーリックは1968年に出版されベストセラーとなった『人口爆弾』の著者だ。彼はこの著書で、人口の過剰な増加と自然資源の枯渇《こかつ》によって、1970年代にはすべての大陸で食糧不足の問題が表面化すると記している。サイモンはエーリックとその友人に対して、ただ言うだけでなく、実際に10年後に消滅する自然資源を5つあげるよう迫った。この不足は価格に反映する。もしその5つの原料の価格が10年の間に上昇したのであれば、サイモンが差額をエーリックとその仲間に支払い、それに対して、もし価格が下落した場合、エーリックが差額をサイモンに支払うという賭けだ。

エーリックと同僚は5つの金属を選んだ。クロム、銅、ニッケル、スズ、そしてタングステン。そして期間は1980年から1990年に設定された。賭けが行われた時点で彼らは「他の欲深い人間が割り込んでくる前に、サイモンの思いがけない申し出を受け入れることにした」、「金の魅力には抗《あらが》えないから」とした。

結果やいかに。

僕もその10年は実際に生きていたからよく覚えている。1980年から1990年にかけては、『ホーム・アローン』が公開され、Windows3・0が発表され、世界初の「www（ワールド・ワイド・ウェブ）」ページがCERN（欧州原子核研究機構）によって作成され、そしてクロム、銅、ニッケル、スズ、タングステンの実質的価格がすべてさがった（実質的価格とは、インフレが考慮に入れられた後の値段ということ）。打ちひしがれたエーリックとその仲間たちは、なんとかその負けを「無かったこと」にするために、恥を忍んでいろんな手を尽くしたけど、結局、それらの鉱物の下落した差額分（５７８ドル）の小切手をわたすことを余儀なくされた。

ジュリアン・サイモンが輝かしい勝利とちょっとしたお小遣いを手にすることができたのは、多くの人々が知恵と情熱を注いで、産業技術を発展させた結果だったと言えるかもしれない。

## ウェールズへの旅

４月の暖かいある日、僕はガールフレンドとともに、20リットルサイズの空の冷水機用ボトル（これまた、ニュー・クロス通りのゴミ置き場から調達したものだ。あそこは本当に便利だ）を３つ積んだ車に乗り込んだ（サイモンは仕事を休むことができなかった）。そして、元地質学教授のデビッド・ジェンキンス氏に会うため、４６３キロ離れたウェールズ北部にあるアングルシー島に向かった。

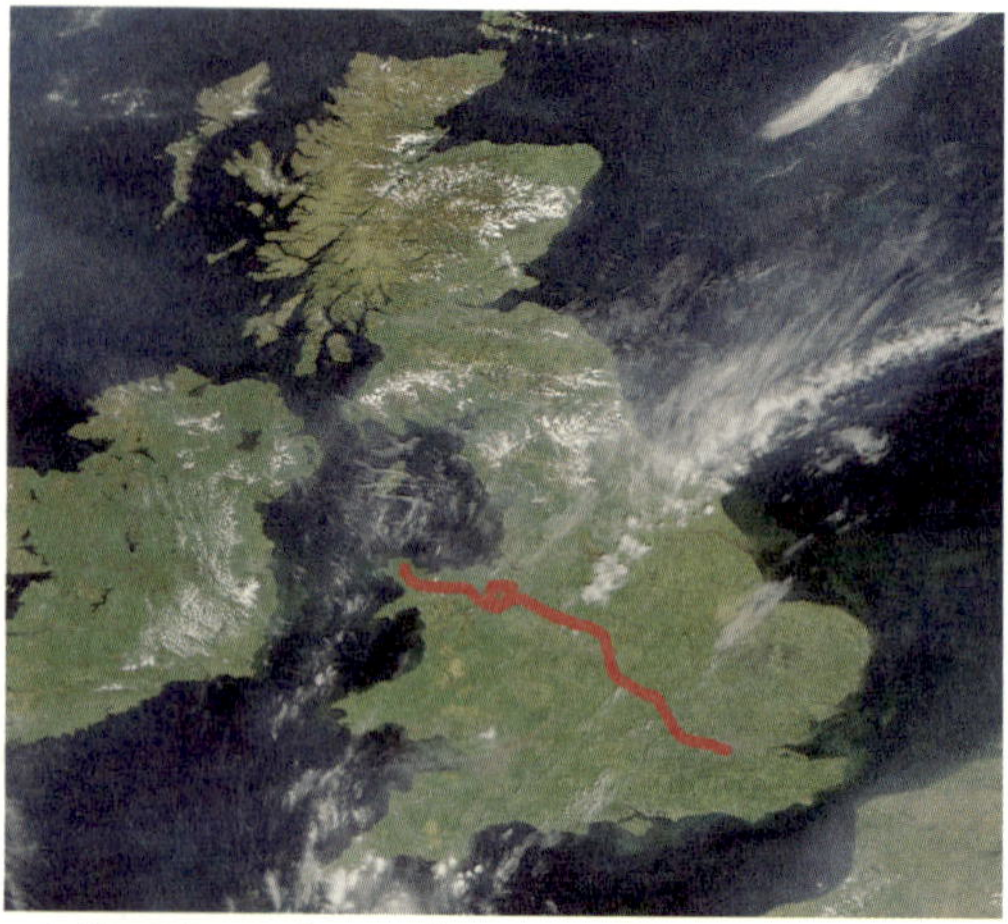

ロンドンからアングルシー島へ

道中僕らは道に迷ったみたいで、どういうわけだかイングランドとウェールズの境を2回もまたいだりして、予定より大幅に時間がかかってしまったけど、最終的にデビッドにあうことができ、パレース・マウンテンに向かったのだった。

デビッドとは、アングルシーにある鉱業所を再稼《さいか》働《どう》させる資金を集める企業、「アングルシー・マイニング」社の男を通じて会った。

アングルシー・マイニングは多額の資金を投じて、イギリス国内で、掘り起こすに値するものが地中に埋まっていないかを調べており、そのために「試掘場」を建設してもいる。僕が連れて行ってもらった試掘場には、立派な採鉱リフトなんかも設置されていた。

そうした設備は「どっかの誰かの落

しものなのさ」とデビッドは言うけれど、こんなところまであんなドでかいものをもってきて、忘れて帰る人がいるとは思えないから、その「どっかの誰か」とは彼ら自身のことなんじゃないかと僕は踏んでいる。ともかく、その試掘場の近くにあるのが、僕らの目的地、パレース・マウンテンだ。

デビッドは本当に物静かな男性だった。いかにも、カーディフ大学で教壇に立ち、地質学の授業を行っていそうな人物であり、実際にそうだった。と同時に、彼はパレース・マウンテンにある古い銅山の探索と保存を目的に立ちあげられた「パレース・アンダーグラウンド・グループ」という団体の創立メンバーでもあった。

同じくパレース・アンダーグラウンドのメンバー、アラン・ケリーとともに、僕らは、銅（とヒ素と鉄とアルミ）が溶けだした、強酸性の水をボトルいっぱいに入れるために、銅山へ向かった。

なんで僕が今回、鉱石ではなくミネラル・ウォーターを集めようとしているかというと、電気分解によってそこから銅を抽出できるからだ。それが一番簡単なやり方だとアドバイスしてくれたのはシリアーズ教授で、鉄の製錬を経験し、鉱石から金属を抽出する難しさを身をもって知っていた僕は、その提案にあっさりなびいた。

そうすることにした理由は他にもあって、史跡でもあるそこの銅山の岩を削ることは破壊行為と見なされるし、その削った岩をもち帰るには鉱業権をもつ者からの許可を得る必要があるんだ。この場合だと、僕が許可を得なければならないのは、アングルシー侯爵《こうしゃく》だ。「ワーテルローの戦い」で、フランス軍に対し騎馬隊を進撃させた勇敢なる指揮官にして、相手軍の砲撃によって片足を失った代償として、侯爵の地位を授けられた英雄でもある、初代アングルシー侯爵の子孫だ。正直、ノリで何かを頼める相手じゃない。まぁ、厳密に言えば、水をもちだすのもいけないんだろうけど、いいさ、僕は恐れ多くも侯爵殿から盗みを働くことにした。

僕らは作業服を着てヘッドランプのついたヘルメットをかぶり、採鉱場までおりていった。浸水した古い立坑《たてこう》が両側にあるトンネルのなかを進むのは、とても危険に感じられた。

アランが泥のなかの足跡を指して、それが、100年前の鉱山労働者の木靴によってついた跡だと教えてくれた。パレースにおける採鉱は青銅器時代から行われているらしい。地中に埋まった立坑の炭化した部分を解析すると、それが4000年前（つまりイギリスにおける青銅器時代）からここにあったことがわかるという。

ツルハシも爆薬も持たなかった当時の人々はいわゆる「熱割れ」という現象を利用

採鉱場のなか。正直、結構ビビってました

して、鉱石を採掘していたみたいだ。彼らは、垂直に坑道を掘り、その底に火のついた何かを放り込み、カンカンに鉱石を熱したうえで、そこに水をかけることで、温度差による収縮で鉱石を割り、それを回収していたのだそうだ。しかも、その後さらに、その石を細かく砕かなければならない。なんだか、すごく大変そう。というわけで、ミネラル・ウォーターである。

（ほぼ屈《かが》んだ状態で）15分ほど歩いて、僕らは見たままの名前がつけられた「ブラウン・プール」に到着した。そこは10メートル四方程度の大きさのドーム状の洞窟《どうくつ》であり、底には「茶色い水」がたまっていた。

その色が示しているのは、水にかなりの不純物が溶けだしているということだ。デビッドの指示にしたがい、僕らはもってきたボトルに水を入れることにした。もともとは飲料水用のタンクとして使われていたそのボトルの首には「ミネラル・ウォーター専用」と刻印されていた。「なんら使用法は間違えていない」と僕は思った。たとえそのミネラル・ウォーターが普通のエビアンより、幾分か毒性が強く、より高濃度のミネラルが含まれているとしても。

その赤茶けた水のpH値は2ぐらいだった。これは、自然界に存在するうちでかなり強い酸性の値だ。なぜその水がそこまで酸化したのかを化学的に説明するとなると、かなり難しい話になるけど（ってデビッドが言ってた）、端的に言えば、こうなったのは、そこの岩が採掘によって露出してしまったからだ。金属を含む岩と空気や水が接触すると、こうした酸性化は簡単に起きる。

そうした強酸性の水のなかでは、ほとんどの生物が生きることができない。一部の微生物は、そうした環境にも耐性をもっているけど、1970年代に実際に発見されるまで、誰もそんな生きものが存在するとは考えてもみなかったそうだ（「ちなみに、そのような水に飛び込んだら、骨の髄まで溶けきったりするもんですか？」と聞いたところ、「そんなことはないだろうけど、目に入ったらかなりしみるだろうね」とのことだった）。

こうした微生物は「極限環境微生物」と呼ばれ、酸性の水や高温のタールのような極限状態を生き抜くだけでなく、そのなかで成長を遂げる。そして、それらは金属分を「食べ」、酸を排出することで、その環境をさらに酸性化させてしまう。彼らが生息する環境は、言ってみれば宇宙空間に似ているので、宇宙生物学者の研究対象となっていたりもする。

採掘場の外にある廃棄場

まぁ、それはともかく、僕はトースターのプラグピンを作るのに必要な分だけの銅を手に入れなくちゃならない。デビッド曰《いわ》く、こうした水のなかに含まれる銅の割合は、０・０００２％程度らしい。ということは、僕が必要としている銅を手に入れるためには、56リットルほどの水をもち帰らなくてはならないことになる。20リットルも入るボトルをもってきたのは正解だったみたいだ。ただ、20リットルの水は、20キロもの重さになる。そんなものを３つも抱えたまま、１５０年ほど前にかけられたはしごをよじ登って地上にでるのはあまりにも無謀だ（少なくとも、僕らよりはるかに聡明《そうめい》なデビッド

その近くにたまっていた、銅が溶けだした水をくみあげる

はそのように考えていた）。

ならば、第二案だ。僕らは採掘場の外にでて、そこにたまっている水をもち帰ることにした。前も言ったように、露出した鉱石に水や空気が触れるだけで、酸化反応は起こる。採掘場の外では選鉱くずが廃棄されているので、それに触れた水にも銅は溶けだしているんだ。銅の含有量はどうしても少なくなるけど、僕たちにとっては、それが唯一の選択肢のように思えた。

ずっしりと重いコンテナをもち、僕らは奇妙でありながらも、とても美しかったパレース・マウンテンを後にした。

水をもち帰った後は、こんな感じで電気分解して、

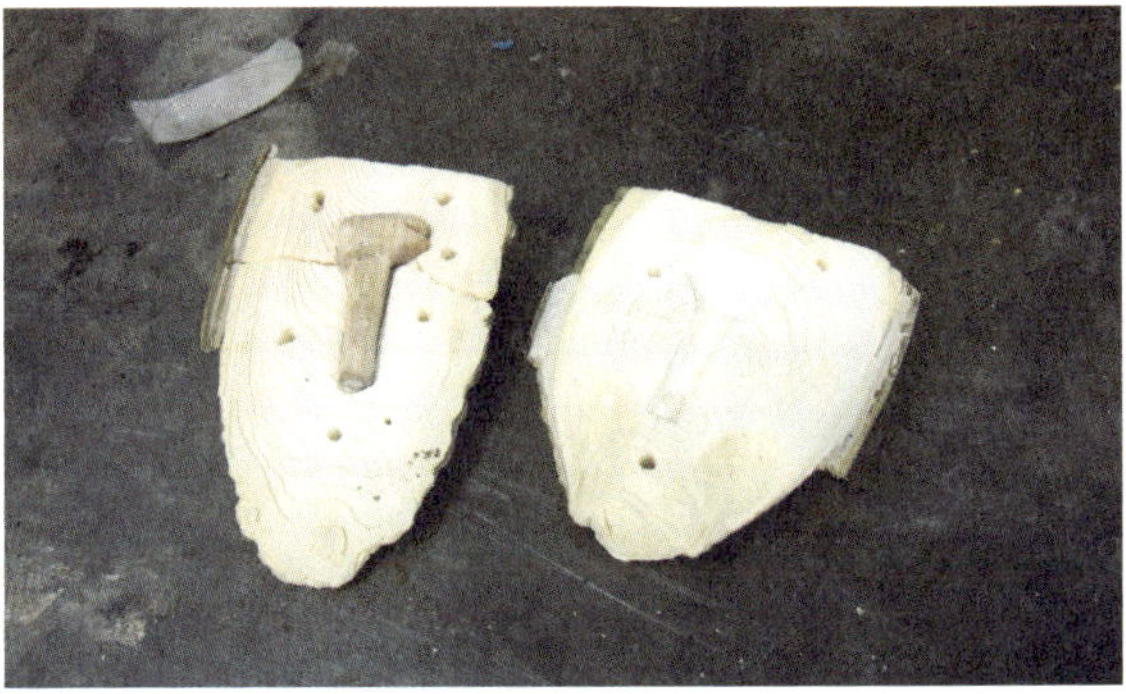

電極に付着した銅を取り出し、型に入れて成型した。完成！

# 第6章

Nickel

# ニッケル

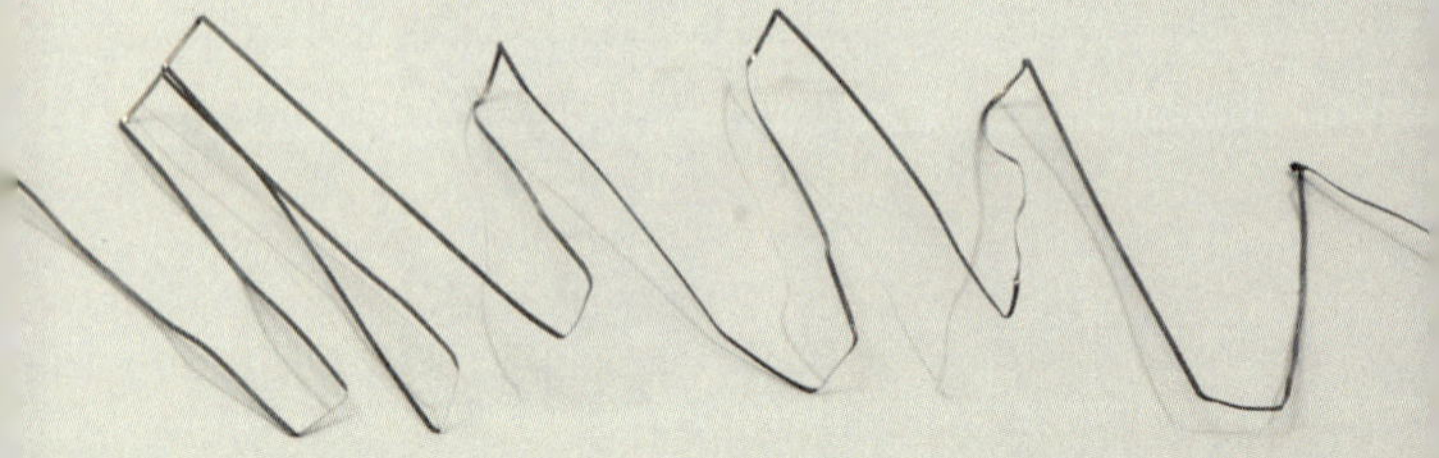

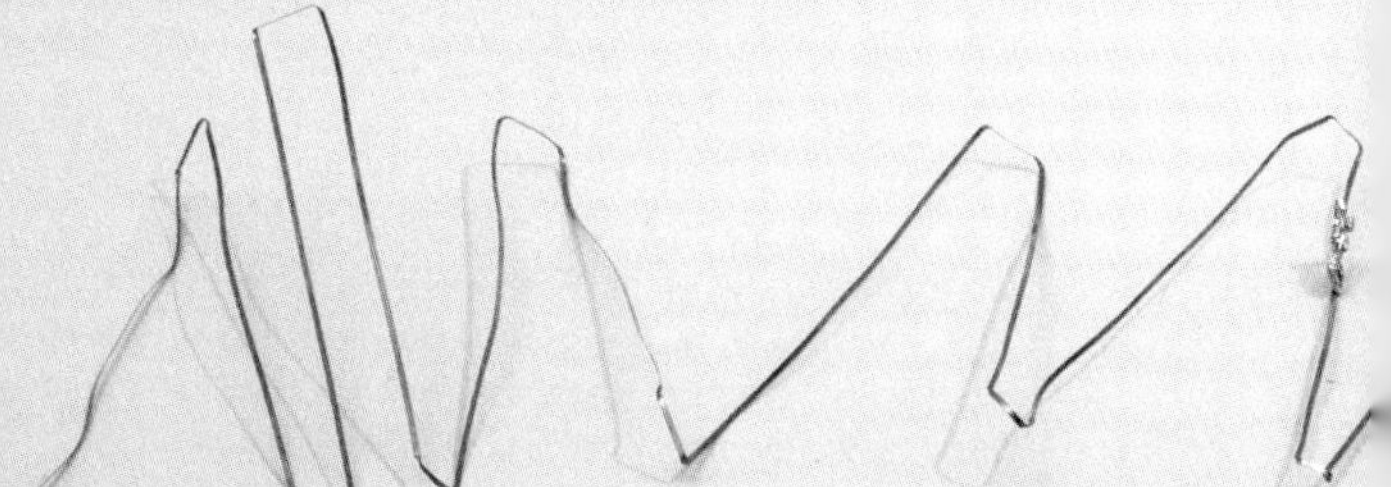

## いざロシアへ？

マズい。

僕のトースターの発熱体を作るために、ニッケルは必要不可欠だけど、イギリス国内でニッケルの採鉱場はひとつしかなく、しかもその鉱山の通用門に大きな鉄格子《てつごうし》がはめられて久しいという。

情報はわずかしかない。

「近場でちょっくらニッケルを調達できそうなところはないですかね」という問いに対する答えは、どれも芳《かんば》しいものではなかった。質問した人たちの反応を見て、僕は自信を失いつつあった。

ということで、ちょっと国外に目を向けてみよう。

ロシアのノリリスクと呼ばれる場所に巨大なニッケル鉱山が存在する。ノリリスクはシベリア北部に位置しており、そこの世界最大のニッケル鉱床の近くに鉱山が稼働《かどう》している。途方もなく厳しい気象条件（平均気温が約マイナス10度で、年間の１１０日は猛吹雪にさらされる）のその土地に、街が存在しているのは、ひとえにニッケルの採鉱場があるからに他ならない。

　そこのニッケル鉱床の開発は１９３０年代から始まっているが、少なくともスターリンが死去する１９５３年まで（実際には、おそらく１９７０年代まで）、そのおそろしいまでに劣悪な環境での命がけの強制労働に従事していたのは、ロシア国内の政治犯たちだった。

　以前までは、ほとんど誰にも知られていなかったこのノリリスクという場所は、ニューヨークの環境ＮＧＯ団体「ブラックスミス・インスティテュート」が作成した「世界でもっとも汚染された都市トップ10」に栄《は》えあるランクインを果たしたことで、今や多くの人に親しまれている（あるいは親しまれていない）。ニッケル鉱石の溶錬は施設内で行われているけど、その工程で発生する二酸化硫黄の噴煙が原因で、溶錬施設から５キロメートル以内の地域には、１本の木も育たないと言われている。そして、重金属により深刻なまでに汚染された土壌からは、今や鉱山を掘るよりも効率的に金属を採鉱できるという。何それ、怖い。

　よほどの理由がない限り、ノリリスクに行くのは難しい。それは、そこが遠くて死ぬほど寒い場所にあるから、という理由だけではない。ネットの情報によると、ノリリスクはロシア政府によって、外国人が立ち入りすることができない「閉鎖都市」に指定されているのだそうだ。うーん、参ったな。

## じゃあ、いざフィンランドへ？

結構困った状況になった。しかしこのころには、僕のブログもささやかな注目を浴び始めていたみたいで、そのおかげもあってか、ニッケルに関する興味深い連絡が届いた。フィンランド北部において、大きなニッケル鉱石の保存庫の建設を開始したという、「タルビバーラ鉱業」の関係者からコンタクトがあったんだ。

タルビバーラ鉱業のホームページを調べたところ、彼らの行っているニッケルの抽出法が、一般的なものとは違うみたいだってことがわかった。通常、ニッケルの抽出は、溶鉱炉で行われ、その煙突からは、酸性雨の原因となる二酸化硫黄が大量に放出される。しかし彼らは、より環境に害を及ぼさない方法として「バクテリア・リーチング」と呼ばれる技術で抽出を試みているのだそうだ。

バクテリア・リーチングとは、例えばパレースのたまり水を酸性化させていたような、極限環境微生物を利用して金属を抽出する方法だ。前にも書いた通り、それらの微生物は、無機物を酸化させる性質をもっている。例えば、鉱石に含まれる硫黄をそうした微生物が消化すると、硫黄酸化物となり、それが水と反応することで硫酸ができる。酸と酸が大好きな極限環境微生物を混交した液体を、砕いた鉱石の山に吹きかけると、その原理によって硫酸が生じ、鉱石から金属が溶けだす。そうすると、滴《したた》り落ちた液体には金属が豊富に含まれるというわけだ。あとは金属が溶けだした酸性の溶液を凝結すれば、抽出完了。

僕からすれば、これはウィン・ウィンの解決策に思える。僕は、トースター用のニッケルを手に入れることができ、バクテリアのお友達はおいしい食事にありつける。しかも、大量の燃料を燃やしたり、有害な煙をまき散らしたりしないで済む。素晴らしいじゃないか！

しかし残念ながら、ことはそう単純でもないらしい。

タルビバーラで生成した溶液は、最終的にもう一度精製しなくてはならないみたいなんだ。基本的に、バクテリア・リーチングは、低品位の（つまり、金属含有量が少ない）鉱石の金属分を濃縮するためのメソッドでしかなく、それだけで使える金属を作れるわけではない。低品位の鉱石を有効に利用するための手段なんだ。ということで、タルビバーラはその濃縮ニッケル溶液を他の製錬所に売るわけだけど、10年にもわたる長期独占販売契約を結んだ相手というのが、他ならぬノリリスク・ニッケルグループなんだ。

ただし、彼らの製品がはるか彼方《かなた》にあるシベリアのノリリスクまで運ばれるわけではない。「MMCノリリスク・ニッケル」グループはニッケルの製錬工場をフィンランド南部のハルヤヴァルタにも所有していて、タルビバーラのニッケル溶液はそこに送られる。そして、ノリリスクとは違い、ハルヤヴァルタは世界でもっとも汚染された土地トップ10には入っていない。それどころか、「工業生態系」のシステムを確立した一例として、研究対象とされていたりする。

工業生態系とは、ひとつの有機体からでる廃棄物が、他の有機体の食物源になる自然のエコシステムと同じように、工業廃棄物が他の工業品の原材料となるような、循環産業のシステムのことを指す。工業生態系はまだ新しい概念であり、その定義や理論は完全には確立されていないけど、少なくとも、ハルヤヴァルタの工場は正しい道を歩んでいるように思える。

ともにノリリスク・ニッケルグループに所有されていながら、この2ヵ所の製錬工場の環境に対する考え方は正反対だ。さらに言うなら、国レベルでも、ロシアとフィンランドは環境法律規制に関して、正反対の立場をとっている。世界で一番環境に配慮しない国と、その逆だ。

## ニッケルを取るか、命を取るか

タルビバーラまで行ってくるのも悪くない選択肢のように思えてきた。グーグルによれば、ロンドンから車を36時間飛ばせばそこまで行けるみたいだし、ちょうどオーロラが見えるシーズンでもある。でも、学位発表会でトーストを焼くまでに、僕には2週間しか残されていなかった。そして銀行口座の残高はマイナス域に突入していた。

僕に残されている選択肢を整理してみよう。

A案。イギリスのニッケル鉱山（だった場所）に侵入する。

ただし、この選択肢にはジレンマがつきまとう。というのも、僕はただトースターを作っているわけじゃない。それを記録して、読者に伝えなくてはいけないんだ。

あれほど頑丈な鉄格子を設けて、人の出入りを禁じているニッケル鉱山に突入してえられる結果は2通り。
・無事、ニッケル鉱石を手にして帰る。
・鉱山内で死ぬ。
いずれのパターンでも、それをブログで報告することはかなわない。前者の場合だと、そのことをネットで発表なんかした日には、不法侵入の罪で逮捕されるだろうし、後者の場合は……、言うまでもないよね。

B案。シベリアに向かい、ノリリスクのニッケル鉱山に行く。
この場合、時間的な問題で、僕は学位をあきらめなければならないだろう。そして、立ち入り禁止区域に侵入したことで、ロシア警察に逮捕されることになるはずだ（罰としてニッケル鉱山での強制労働を命じられたりしたら笑うけど）。第一、そんなお金はない。

C案。バンを借りてフィンランド北部までドライブ。
ついでに、オーロラを拝むこともできる。ただ、この案でも学位発表会は欠席することに。あと、何回も言うけどお金がない。

正直なところ、３つのオプションのどれもが魅力的でもなければ、可能でもなかった。もう少し長生きするためにも、僕は死なずにニッケルを手に入れられる別の方法を模索することにした。

## カナダ万歳！　ｅＢａｙ万歳！

程なく僕は、カナダの造幣局が２０００年を迎える前の年に、毎月記念硬貨（25セント硬貨）を発行していたことを突き止めた。その12枚の硬貨は99・９％の純度のニッケルでできているという。

すごく……魅力的です。その12枚のうちの11枚が揃《そろ》ったセットが、ｅＢａｙでたったの９・５カナダドル（約７６０円）で売られているのを見つけちゃったもんだからなおさらに。

ただ、これを使う場合でも、危ない橋をわたらなくちゃいけない。というのも、カナダ王室造幣局カナダ通貨法11条1項にはご丁寧にも、

**何人たりとも、財務大臣の許可なしに、法定通貨となっているコインを、溶かし**

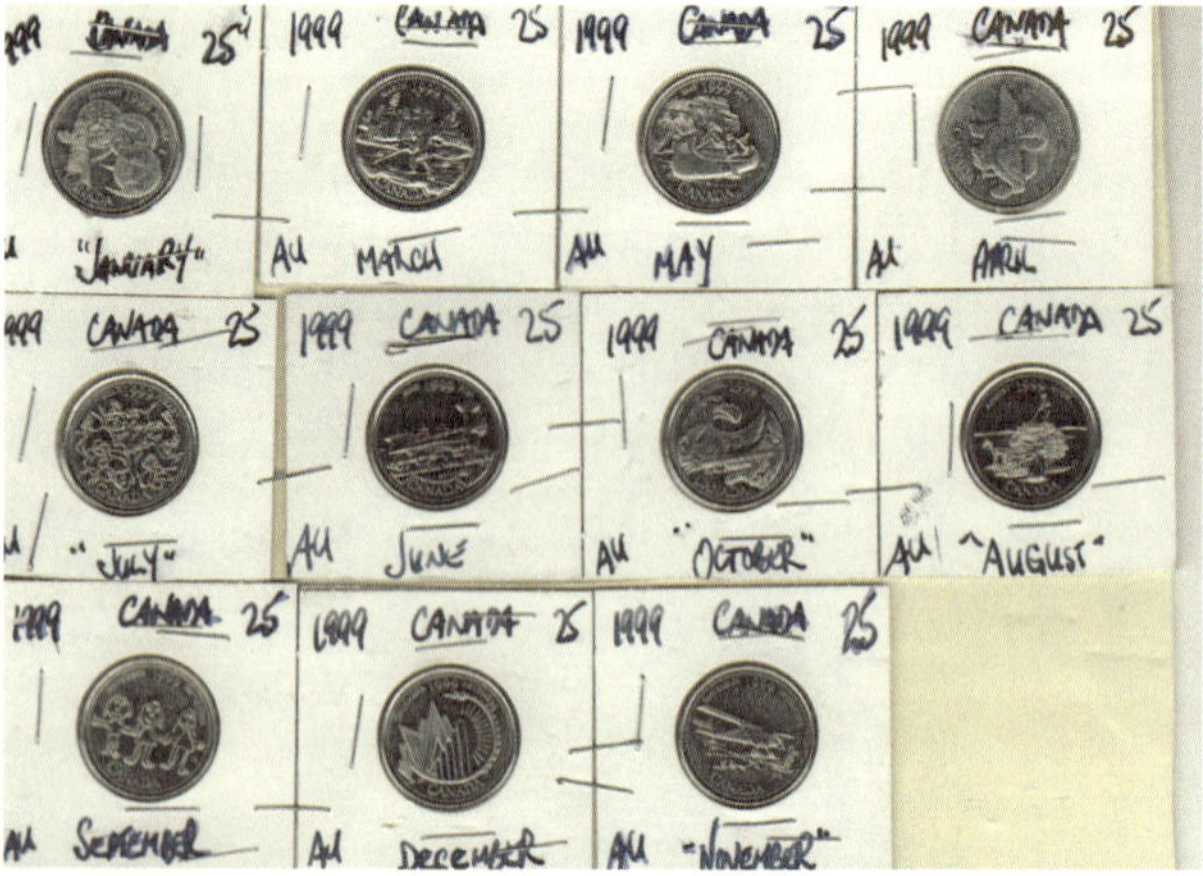

eBayで売りに出されていたカナダの記念硬貨セット

溶かしたニッケルをワイヤにするための伸線機

たり、壊したり、通貨として以外に使用したりしてはならない。

と、明記されている。その不正は意図にかかわらず罰せられるとも。

だけど、時間もお金も他のアイデアももちあわせていない僕に、他の選択肢が残されているようには思えない。ああもう、どうにでもなれ。僕がカナダに行かない限り、カナダの騎馬隊にとっ捕まえられる心配をする必要がどこにある！

というわけで、僕は手に入れたこいつらをカンカンに熱して伸線機でワイヤにした。

はい、ニッケル・ワイヤの完成！

かつてカナダの25セント硬貨だったもの。そしてこれから
トースターの発熱体になるもの

# 第7章

Construction

# 組み立て

## トースターは完成した。でも……

初めてシリアーズ教授と話したときに録音したテープを聞きかえして、自分の能天気さに少し恥ずかしくなった。「ええ、パンが飛びだすように鉄製のバネも作りますよ」だとか、「そうっすね、電子機器は一から全部作りますよ……プラスチックを作るための原油の精製？　大丈夫、鍋《なべ》を使いますから（キリッ）」だとか……。

何世紀にもわたり、数え切れぬほどの人が知恵をだしあって築きあげてきた、技術的・科学的なノウハウを、僕がたったの9ヵ月で再現できるはずもないことを、シリアーズ教授は知っていたはずだ。しかし、改めて聞くと、それでも彼は、熱意に冷や水を浴びせないようにすごく気を遣ってくれていたことがよくわかる。

何はともあれ、この9ヵ月は終わりを迎える。まずは、僕が実際に作ることのできたパーツを確認しよう。

・鉄の内部フレーム×3

・鉄の焼き網×4
・トーストをもちあげるためのレバー×1
・マイカのシート×3
・プラスチックの筐体《きょうたい》（カバー）×1
・プラスチックの筐体（ベース）×1
・プラスチックのプラグ×1
・プラスチックのプラグのカバー×1
・銅の電気プラグ用のピン×3
・銅の電気コード用のワイヤ×3

以上、21個。

僕のトースターには焼きあがったときにトーストが飛びだすのに必要なバネはないし、調節可能なタイマー装置もないし、キャンセルボタンもない。

そして何より、このトースターが実際にパンをトースト可能かどうかもわからない。ロイヤル・カレッジ・オブ・アートで炎上騒ぎを起こしてみんなに迷惑をかけることを防ぐためにも、これを書いている時点で、僕はまだこのトースターをコンセントにはつないでいない。というか、白状すると、僕は自分が（最悪の場合、周囲の人も）

感電してしまうかもと、ビビっている。

というわけで、僕はコンセントにつなげる代わりに、12ボルトの電池2つを直列でつなぎ、24ボルトの電圧をかけることにした。すると、たしかに発熱体は、触れないほどに熱くなった（指のやけどが証拠だ）。ただ、僕らが使っているトースターみたいに、発熱体が赤くなることはなかった……。まぁ、電池ではイギリスの電圧の10分の1しかないのだから、それも仕方ないのかもしれない。

言ってみれば、僕が今の段階で作ることができたものはトースターというよりも「パン温め器」に分類されるのかもしれない。ただ、電圧をあげればまだまだ温度は高くできるだろうし、全粒粉の茶色いパンじゃなく、白いパンをそのトースターに入れれば、焼き色つきの立派なトーストが焼きあがるのではないかと思っている（あるいは、焼きあがるといいなと思っている）。

## 僕は成功したのか？

さて、ここで改めて考えてみよう。僕の9ヵ月のゴールはトーストを焼きあげることだったのだろうか？　ある意味、イエス。でも、より正確に言えば、ノーだ。

僕らは、自分たちを囲む、あのピカピカな電化製品がいったいどこからきているのかについて、ほとんど何も知らない（あなたが家電量販店の仕入れ担当者なら話は別なのかもしれないけど）。今回のプロジェクトで、僕はその出所を知りたかった。

僕のような一般消費者にとって、トースターの一生は、店舗の商品棚で、あなたが、あるいは他の人が買ってくれるのを待つところから始まっている。つまり、それ以前の生産過程をまったく目撃していない。ゆえに、僕たちはその製品につけられた値段に疑問をもたない（少なくとも、その安さには疑問をもたない）。

でも考えてみれば、あのアルゴスのバリュー・レンジも数ヵ月前までは、巨大な鉱山・油田から掘り起こされた岩や油だったはずで、それを加工し、組み立て、梱包《こんぽう》して送り、そして店頭で販売するには、多くの技術的・物質的・人的コストがかけられている。それが3・94ポンドで売られているのは、どうにもつじつまがあわないように思える。

一からトースターを製作するという僕の試みは、ものすごく、途方もなく、めちゃくちゃなまでに「効率が悪い」ものだった。僕の作ったトースターには、アルゴスのトースターを300個も買えるほどの金額がかけられたけど、それはあくまでも直接的なコストだけだ（多くは鉱山へ向かうための旅費）。その間の食費、はきつぶした靴代、その他もろもろを含めたら、最終的な費用はさらに高くなる。おまけに、大量の二酸化炭素も排出した。

しかし、こうしたことで、僕は現代資本主義の奇跡の一端を垣間見る《かいまみ》ことができたように思う。

以前、アップル社の上級副社長にして、製品デザインの責任者でもあるジョナサン・アイブが、僕に（というか、講演会に出席していた全員に）こんな話をしてくれたことがある。

「ガラスが叩《たた》きわられた瞬間を逆再生した映像を見たことはあるかい？　高度で複雑な製品の製造過程は、ちょうどあんな感じなんだ。粉々に飛び散った破片が、それぞれ正しい位置に、正しいタイミングで収まり、綺麗《きれい》な完成品ができあがる。素晴らしいとは思わないか？」

同意だ。たしかに素晴らしい。僕は彼の作品であるｉＰｈｏｎｅだってもっているし、今のところ凄《すご》く気に入ってもいる。

でも、いかにアダム・スミスの言う「見えざる手」が僕たちを導いたとしても、逆再生のガラスみたいに、すべてが収まるべきところに収まるものだろうか？　経済を活性化するためには多くの消費が必要だけど、自然を守るためにはそれを抑えなければならない。真っ向から衝突する、こうした対立に落とし所なんてものはあるのだろうか？

## 値札には現れない「コスト」

さっきも言ったように、僕のトースターにかかった1187・54ポンドはすべてのコストを含んでいるわけじゃない。同様に、アルゴス・バリュー・レンジにも3・94ポンド以外の「コスト」がかかっていると考えるべきだ。

製品の「本当の」コストは隠されている。僕らは鉄が実際に製錬されるときやプラスチックが製造されるときに発生する公害を目の当《ま》たり《あ》にしたり（あるいは、そのにおいをかいだり）することはない。自分の家の裏庭でやられたら嫌だろう（そういう意味では、僕のご近所さんは本当に寛容だった）。同様に、製造過程で発生する廃棄物も僕らには見えない。

しかし、公害もゴミも、勝手に姿を消すわけじゃない。それらは必ずどこかに行き着き、もし正しく処理されなかったら、誰かに押しつけられることになるだろう（たぶん健康被害といった形で）。現状において、バリュー・レンジの値段に含まれていないものはたくさんある。というのも、「貨幣経済においてはカウントされないコスト」というのがあるからだ。

例えば、バリュー・レンジ内部の銅が、チリにある鉱業所によって露天掘りされたとしよう。前述の通り、地面に掘られた巨大な穴には水が溜《た》まる傾向がある。そして、パレース・マウンテンなんかがそうだったのと同じように、その水にはむきだしの岩から鉱物が溶けだす。水は酸性化し、ヒ素などの大量の有害物質を含んだそれは、通常、近くにある川に流れて行くことになる。

現時点で、川を「所有」している人はいないから、鉱業主は川を汚染していることに対して一切対価を支払う必要はなく、おかげで僕らはその安い銅を使った、安いトースターを手に入れることができる。ただ、当然、誰かがその代償を支払っている。例えば川沿いに住む人、あるいはその水を生活用水として使っている人たちのことだ。

僕らもまた安い銅の恩恵を受けているけれど、その対価を支払わなくてもいい。少なくとも、払わなくていいことになっている。

しかしながら、もし僕がその川を所有していたら、絶対に、その川を真っ赤な血の色にして、酸が特別大好きなバクテリアの住処《すみか》にしてしまった誰かに対して、莫大《ばくだい》な金額を要求するだろう。そして、そんな多額の賠償金を払わなくてはならないのであれば、そこで採鉱することを断念する業者もいるだろう。

あるいは、僕と業者との間で妥協点が見つかれば、彼らもそこでの採鉱を続けるだろう。それでも、撤退を余儀なくされるほどの賠償金を求めずとも、僕は採鉱にいくつかの条件をつけるだろうし（例えば、決して川は汚染してはならない、とか）、そのコストはまわりまわって、製品の値段の上昇という形で、消費者（僕やあなた）に押しつけられることになるはずだ。率直に言って、それは当然のことだし、正しいことだとも思う。

でも、そのコストが発生するのは、僕がその川を所有していることが前提だ。大気について考えてみよう。どれだけ想像力を働かせてみても、地球の大気を「所有」するなんてありえないだろう。そして誰も所有していないからこそ、僕たちも、産業界も、牛も、リスも、そのほかの生物も、思いのまま大気を使い、好きなだけ二酸化炭素、メタン、二酸化硫黄を放出しているわけだ。使用料も、汚染に関するコストも払わずに。環境規制法はそれにコストを課す試みだが、異なる利害関係をもつ団体同士の対立で、なかなか体制を確立できずにいる。

欧州連合によって実施されている排出量取引制度の目的は、自由市場が公害にかかわるコストの一部をはっきりとさせることにあるけど、今、大きな困難に直面している。いずれにせよ、適用されるのは欧州のみである。

もし製造に関連するすべてのコストがはっきりすれば、トースターの値段はもう少しあがり、たぶん僕らは今と同じように頻繁にトースターを買い替えては廃棄する、なんてことはできなくなるだろうし、もちろん、多くの人たちがトースターを購入できなくなるはずだ……。

## 君がもってるなら僕も欲しい

さて、僕はここで品物はもっと高くなるべきだとキャンキャン吠《ほ》えているわけだ（厳密に言えば、僕らが適正価格を払った場合、品物はもっと高くなるはずだと吠えている）。もっとお金を払いたいだなんて、なんだかちょっといい子ぶってる感じだ。いや、もっと言えば偽善的ですらある。普段僕は、可能な限り質の高い製品を、可能な限り安い値段で手に入れようとしているし、可能な限り、長い休暇をとろうとしているる（そして、可能な限り安い航空チケットを見つけて、旅行を楽しむつもりでいる）。

僕は何かを安い値段で買えたとしたら、喜びを感じるタイプの人間だ。

次にコンピューターを買いに行くときは（僕はコンピューターに興味があるんだ）、絶対に、慎重に、さまざまなタイプのコンピューターの値段を検討して、一番速くて、一番新しいものを、一番安い値段で買うだろう。僕がこうやって自信たっぷりに言えるのは、前回コンピューターを買ったときも（そしてそれ以前に買ったときも）そうしたからだ。今僕が使っているコンピューターは、さまざまな理由から、僕が最初に買ったコンピューターよりはずっといいもののはずだけれど、僕はもうそう感じなくなってきている。だって僕の友達の多くが、僕のいいもの（のはず）のコンピューターより、ずっといいコンピューターをもっているからね。

僕らは自分の所有するものを、なんでもかんでも他人のものと比べたがる。そうした意味においては、貧困という概念は相対的なものだと言える。一般に、居心地が悪く、健康的にも悪影響があり、長生きできないような環境を強いられることを貧困と呼ぶ。もちろんそれは正しいとは思う。でも、その定義は絶対的なものではないとも思う。「貧しい」という言葉が意味するものは、時代や場所によって異なる。「裕福」も同様だ。

例えば、僕以外のすべての人がトースターをもっていたとしたら、僕はある種の貧しさを感じるだろう。そして、その状況から抜けだすために、可能であればトースターを買うはずだ。

このように、富が相対的であるのならば、そのことが経済を動かす大きな要因となっていると考えられる。経済学者が昔から言うように、人に「無限の欲望」が備わっていると考えるより、単に、誰もが「貧しい側」にいたくないから消費の連鎖は終わらないのではないかと僕は思う。

だから、自分より他人がより多くをもっているという状況で、概念化することさえ難しいコストを理由に、人々の消費にブレーキがかかることを期待するのは、少し非現実的ではないかと思う。人々が自分勝手で下品という意味ではない。ただ、僕ら人間は皆、僕らが接する人たちがやっていること、あるいはもっているものに、動かされるってこと。一緒にたばこを吸う人が禁煙すると、自分も禁煙しやすくなるのと一緒だ（それはとてもいいことだけれど）。

通常、ゆっくりで劇的ではない気候変動や環境の悪化で、人々の行いが突然変わることはない。まだ近代化されきっていない場所では特に、「環境に配慮して」生活様式を改めることはしないだろう。

発展途上国は、着実に発展を遂げている。そのうち中国でも、トースターの価格が数元まで下落し、誰でも買えるようになるはずだ。そうしたとき、彼らはどうするだろう？　とても豊かでミニマリズムが広がるストックホルムに滞在中、中国人のファッションデザイナーが僕に、「ここでは『少なければ少ないほどいい』みたいだけど、中国では単純に『多ければ多いほどいい』」と言っていた。彼らをストップさせる道理なんてどこにもない。

## 世界を救うにはトースターを作るしかない！

経済と環境はまさに今、ド派手な衝突事故を起こそうとしている。バンパーがグニャグニャに曲がり、ヘッドライトのガラスが粉々に砕け散るような。そんなめちゃくちゃで血みどろの事故を、軽めの接触事故程度に変えるためにはどうすればいいのだろう。

それを実現させる方法は山ほどある。例えば、埋め立てゴミ処理税のような税制度の確立なんかはその一例だ。あるいは、汚染物質に対して、その汚染度合いに見合う金額を課したり、消費者により多くの情報を提供することを義務づけたりするのだって有効なはずだ。

答えは、もうすでにでていると僕は思う（僕なんかよりずっと賢い多くの人が、一生懸命考えたはずなんだ）。あとは実行あるのみだ。

もちろん、実行が一番難しいことはわかっている。法律制定が必要な場合は特にそうだろう。でも、そうした改革は本当に大きな効果をもたらす。6章でも紹介したけど、「ノリリスク・ニッケル」グループがもつ、2つのニッケル製錬工場は、片や世界でもっとも汚染された場所として知られており、もう一方は理想的な産業構造を確立しているとして、研究対象になっている。同じ企業が所有しているその2つの工場がそこまで対照的なのは、ロシアとフィンランドの異なった環境政策のためなんだ。僕らに必要なのは、行動する度胸のある政治家だ。

最近、アメリカ人環境保護論者、デビッド・ブラウアーの「政治家とは風見鶏《かざみどり》のようなもの。私たちの役目は、正しい方向に風を吹かせることだ」という言葉を聞いた。彼の言う「私たち」が具体的に誰を指しているのかはわからないけど、それはともかく、文化を風と例えたのはすごいと思った。

その「文化の風」の向かう方角は、経済、ファッション、化学、文学、歴史、ニュース等々、すべての分野にいる人たちが決めていくものだ。うむ。ということは、文化の風が正しい方向に吹くことに尽力するのが僕ら全員の仕事ということになりそうだ。でも僕らのほとんどがすでに仕事をもっているし、できれば2つ目の仕事はもちたくないじゃないか。それにもっと遊びたいよね?

今回のトースターを作るという試みは、僕らがどれだけ他人に依存して生きているかということを教えてくれた。自給自足や地産地消という考えに憧《あこが》れはあるけれども、同時にそこには不条理も存在する。どのみち、大量飢餓を起こすことなくシンプルな時代まで時計を巻き戻すことはもうできない。それに、世界の大多数の人たちが、今でも時計を進めようと躍起になっている。

さらに言うなら、今回僕は、自分たちが普段目にしているものは、長い歴史、多くの努力と知恵、そして途方もない量の燃料と材料の結晶であることを痛感させられた（あの平凡なトースターでさえもそうだ）。それにかかった膨大なコストのすべてを払う義務は消費者には無いのかもしれない。でも、そうだとしても、そのコストが無駄にならないように、考えを尽くすべきだとは思う。つまり、なるべく長持ちをするものを買い、廃棄するのにも工夫をし、お金をかけようと言うことだ。これは、アクソンのリサイクル工場を訪ねたときに、考えさせられたことだ。

将来、製品には2冊の取扱説明書をつける必要があると思う。1冊は、どのように製品を組み立てて使うかについて記したもので、もう1冊は、その解体方法を説明するものだ。そうすれば、材料、材質別にゴミを分別することができ、品質を落とさないリサイクルが容易になるはずだ。

僕のトースター、完成！

でも、「顧客」にそこまで要求するのは現実的じゃないと考える人もいるだろう。現時点で考えると、その指摘はまったくもって正しい。いったい誰が古いトースターやテレビを分解するために、楽しい夜のひとときを費やすっていうんだ？　それに、分解をしてくれる人の安全性や健康を保証するのも難しい（電源にプラグを挿したままのトースターを解体して、感電してしまう人もでてくるかもしれない）。

とはいえ、現状では実現できなさそうだからって、未来もそうだと決めつけるのは無意味だ。第一に楽しくないし、第二に有益でもないからだ。それに、今とまったく同じ未来を想像することは危険なことでもある。例えば、数年前までの銀行は、将来も今と変わらないという予測をもとに、たくさんの金融商品を売りにだしていた。それが彼らに（そして僕らに）何をもたらしたかはご存じの通りだ。

僕たちにとって欠かせない自然資源（例えば、新鮮な水、きれいな空気、豊かな土壌）のうち、約6割が、減少しているか、減少が見込まれている、という統計値がある。将来も現在と同じようになるという予測が大惨事を招くことになると考える理由としては十分だと思うし、それ以外にも多くの統計から同じ結論が導きだされている。

大事なのは、大きな変化が必要であり、大きな変化を起こすことは可能だということだ。

将来、もう要らなくなったものを廃棄する作業に、もっと価値が認められる時代がやってこなければならないと思う。消費者が自分の手でやるのが一般的になるのでもいいし、あるいは解体業者に適切な対価が支払われるのでもいい。肝心なのは、その消費物を正しい形で処分することの重要性が認識されることだ。

今回、僕はトースターを作ることと同じくらい、さまざまな場所を旅することを楽しんだ。あえてこっ恥ずかしいことを言うと、このトースターは多くの思い出がつめ込まれたものだから、僕がそれを捨てることは絶対にない。スコットランドの高地を歩き、ウェールズにあるパレース・マウンテンの立坑《たてこう》をよじ登り、クリアーウェルのサンタの洞窟《どうくつ》を訪ねた。

学生時代に、トースターを、電気ポットを、電子レンジを組み立てる経験をするのはいいかもしれない。そうすればきっと、ものをより長く使い、修理し、手入れするようになるはずだ。そして、「ただ店に並んでいる」製品が、より多くの意味をもっていることに気づくことができると思う。

£24.95
£1187.54
£16.45
£24.45
Kenwood TTP103
4 slice toaster
£22.95
KENWOOD
Let us lighte
your load
Breville
cream 2 slice toaster
Breville

Toasters
magimix
BRUSHED
2 slice brushed stainless
magimix

# エピローグ「ハロージャパン！」

　僕は、ほのかな灯りのともされたロッテルダムのギャラリーで、少数ながらも、期待を胸にふくらませていた観客と向きあっていた。僕と彼らの間にある大きなテーブルのうえには、スポットライトに照らされた僕のトースターの完成品が置かれており、それはこの日のためだけに僕が配線したコンセントに接続されていた。

　これはロイヤル・カレッジ・オブ・アートで初めてトースター・プロジェクトを展示してから2週間後の――そして君が今、手にしているこの本の初稿をちょうど書き終えたころの――話だ。僕は初めて自分のトースターで、トーストを焼こうとしている。

　ナーバスだ。観客がいることだけがその理由じゃない。

　先に書いた通り、学位発表会の期間中、僕は一度もトースターをコンセントに接続しなかった。大学のスタッフに、これ以上無茶なことはしないようにとくぎを刺されていたから、そして、僕自身がビビっていたから、というのがその理由だ。

トースターに電気を供給するために僕が製作した銅線には、重要かつ、極めて基本的な安全装置が備わっていなかった。絶縁体だ。絶縁体がないということは、コンセントからの電流が、むきだしの銅線を流れること、そして、間抜けな（あるいは不運な）誰かさんがその銅線に触れた場合、その人が命を落としてしまう可能性があることを意味する。

当然、僕は銅線を絶縁体で覆《おお》うつもりではいた。そして、そのためのゴムを確保すべく、2種類のヘベア・ブラジリエンシス（「ゴムの木」のことね）を温室で育てている、キュー王立植物園に問いあわせてもみた。ただ、天然ゴムを作るためのゴム樹液を抽出するには、樹皮に長くて深い溝を掘らなくちゃいけないわけで（天然ゴム樹液は樹皮の傷を癒《いや》す「ばんそうこう」としての働きをもっている）、ゴム園では当然のように許されるそうした行為も、キュー王立植物園では認められていないと、電話にでた女性職員は僕にきっぱりと言い放った。併せて、キュー王立植物園がゴム園じゃないこと、彼らが所有している樹木が貴重なサンプルであること、そして「もしあなたがこちらに出向き、樹皮に傷をつけたりしたら、あなたは女王陛下の植物園を、女王陛下の王室騎兵隊を伴って後にし、女王陛下のご意向いかんでは身柄を拘束されることになる（平たく言えば、『最悪、牢屋《ろうや》にぶち込みますよ』ということ）」ってことも教えてくれた。

そんなわけで、僕の手作りで、ひび割れだらけの、イカみたいな形の電気プラグピンと発熱体のワイヤをつなぐ銅線は、むきだしの状態で絶縁されていなかったんだ。

その日僕がロッテルダムにいたのは、あるギャラリーのイベントで、僕の作品を展示してほしいというオファーを受けたからだ。打診されたのは数ヵ月前、僕がトースター製作をスタートさせたばかりのころだった。どうやら、そこのギャラリーのキュレーターが僕の取り組みを気に入ってくれたらしい。とはいえ、なんらかのデモンストレーションができないのであれば、わざわざイベントに僕を呼び寄せる意味はないわけで、彼はメールで、観客の前で披露できるようなことは何かあるのか、ときいてきた。

その時点で僕は、能天気にも、タイマー機能つきで、既製品そっくりの完璧《かんぺき》なポップアップ・トースター（もちろん、絶縁もばっちり）を作るつもりだった。だから、すぐにこう返事をした。「観客のみなさんにはその場で焼きあげたトーストをごちそうしますよ。バターを用意しておいてください（キリッ）」

キュレーターはその返答に喜び、僕は正式に招待されることになった。

その後、ご覧の通り僕のトースター・プロジェクトは幾多の高すぎる壁に直面し、ポップアップ機能用のバネや電気的な安全性はどこかにほっぽりだされることになったわけだけど、そのころには、僕はこのデモンストレーションの約束のことを半ば忘れていた。


箱に入った未テスト状態のトースターと一緒にロッテルダムへ向かう飛行機のなか（それにしても、ヒースロー空港のセキュリティー・チェックで職員に箱の中身を説明するのは楽しい経験だったな）、僕は「デモンストレーションなんかやりたくない。いや、きっとやらなくていいはずだ」と自分に言い聞かせていた。

だってしょうがないじゃないか。ヨーロッパの標準電圧（230ボルト）に感電してしまったら、人は確実に――しかも、かなりあっさりと――命を落とす（これは、日本とアメリカが、それぞれ100ボルトと120ボルトに電圧を定めた理由の一つだ）。誰がそんなリスクを負ってまで、トースターを電源につなげたいと思うだろうか？

しかし、ギャラリーに到着した僕は、事実上、選択肢などないことに気づいた。招待してくれたキュレーターは、観客がどれほどトースターが動く様子を見ることを待ちわびているか、そして彼自身、どれほどトーストが焼きあがるのを楽しみにしているかを僕に熱弁をふるった。それから彼は、にこやかな笑みを浮かべながら、「いかなる怪我《けが》や人命の損失についても、出演者が一切の責任を負う」と書かれた契約書、そしてその日のために調達してきたパンを僕に差しだした。

皆を失望させ、恥をかきながらこの場を去るか。あるいは、死のリスクを負ってでもやり遂げるか。答えは決まっている。僕はありがたくパンを受け取り、契約書にサインをした。

パンをトースターにセットし、観客の前でいよいよスイッチを入れるという段になって、僕は「死の渦巻き」という言葉を思い出した。その言葉を知ったのは、スキューバダイビングの訓練コースを受けていたときのことだった。それが意味するところは、致命的な事故は基本的に、一つの要因で起こるわけではないということだ。つまり、一見無害に思われるいくつかの要素が絡《から》みあって「死の渦」を形成し、人を飲み込んでしまうわけだ。

まったく絶縁されていないトースターに電源を入れるという行為は、まぁ、危険ではあるけど、誰もそれに触れなければ問題は起きないはずだ。しかし、スイッチを入れた途端にブレーカーが落ちて、部屋が突然真っ暗になったらどうだろう？　ショーは台無しだ。出演者として、それは恥ずかしいことでもある。だけど、この場合も実害はない。でも、もしその日に建物内の配線を担当した電気技師が二日酔いで間違って配線していたり、前のイベント終了後にヒューズボックスを整備していた人がやっつけ仕事で終わらせていたり、ブレーカーが古くてろくに機能していなかったりしたらどうだろう？　電気が消えたにもかかわらず、トースターには依然として電気が流れている、なんてこともありえる。それで、暗闇《くらやみ》のなかでトースターのオフスイッチを探す僕の手が無意識に銅線をかすめたら？　瞬《また》く間に電流が体をかけぬけ、心室細動が起こるかもしれない。そしてさらに、体を抜けた電流が足の裏から床に流れ、感電仲間を増やすことになるかもしれない。いや、そんなことが起きないよう、僕はゴム底の靴を履いているから、犠牲は自分だけにとどめることができるはずだ。でも見る限り、観客のほとんどが缶ビールを手にしている。そのなかの一人が缶を落として、トースターにビールを浴びせたら？　こぼれた液体を通じて、他の観客が感電したら？　その人が奥さんと手をつないでいたら？　その奥さんが、ベビーシッターの都合がつかなかったために連れてきた赤子を乗せたベビーカーの金属部をちょうど握っていたら？　それから……。

電気が再び点《つ》いたときには、観客の半分がビールのプールで絶命していることになる。まったくひどい話だ。こんなのを喜ぶのは、目を引く見出しを日々探しているタブロイド紙の人くらいなものだろう（『トースター製作者、観客を焼きあげる』ってか）。

ということで、僕は念入りに観客に注意事項を伝え、いよいよトースターのスイッチを入れた。ありがたいことにブレーカーは落ちず、どこかの発電施設の巨大な蒸気タービンで生成された、途切れぬ電流が僕のトースターに送り込まれる。ご存じの通り、物体に電流が流されると、その物体の電気抵抗によって熱が発生する。このトースターでその役割を果たしているのが、僕が何日もかけて、できるだけ細いものを作ろうと腐心した、銅とニッケルでできた発熱体だ。発熱体は明らかにちゃんと機能していた。なぜそう言えるかというと、銅とニッケルの原子によって電気の流れが妨害されたことで発生したフォトン（光子）の波長の短いものを僕の網膜が、そして波長の長いものを僕の肌が感知したからだ。つまりは、トースターの発熱体から、美しくて赤い光、そして熱が発せられたということだ！

発熱体のワイヤから放出されたその光子は、トースターにセットされたパンの表面にぶち当たり、パンに含まれる炭水化物分子に作用し、そこに焼き色を加えてくれるはず……だったのだけど、ここで問題が発生した。

容赦なく送られ続ける電流のおかげで、発熱体が暴走し始めた。フォトンの波長はどんどん短くなり、トースターから放たれる光は赤から白へと変わっていった。いわゆる「白熱してきた」っていう状態だ。当然、熱エネルギーは上昇する。そしてその熱は、僕の頼りない発熱体の一番細い部分を焼き切った。回路は壊れ、トースターが停止し、そこから細い煙の筋が立ちのぼった。それを見て僕は、何か——それもとてもよくない何か——が起きていることを悟った。

すぐに電源を止め、僕はトースターにセットされた2枚のパンを取りだすべく、慎重にレバーをもちあげた。期待に胸を膨らませた観客の前で、僕はその表面に「メイラード反応」が起きていたのか否《いな》かを調べた。メイラード反応とは、炭水化物とタンパク原子間に起きる反応で、茶色い焼き色と豊かな風味を、トーストだけではなく、肉のローストだとか、ありとあらゆるおいしい食べ物にもたらしてくれる。とりあえず、最低でも焦《こ》げ目らしきものが確認できなければ、パンをトーストすることに成功したとは言えないだろう。しかし、会場の薄暗い電気の下、裸眼ではメイラード反応が起きた痕跡《こんせき》を見つけることはできなかった。いや、もし原子間力顕微鏡を使って、パンの表面を徹底的に調べあげれば、望ましい反応をした分子の1つや2つ、見つけることができるかもしれない。でも、観客はそこまで待ってはくれなそうだった。彼らは答えを欲していた。それはただのパンなのか、トーストなのか？　僕は首を振った。誠実であろうとするならば、これがトーストであるとはとても言えない。僕のトースターはパンではなく、自らを焼きあげてしまった。当然、僕は落胆した。それでも観客は僕のトースターの壮絶なる最期《さいご》に対して、大喝采《だいかっさい》を送ってくれた。

さて、僕の物語は悲劇で終わったのだろうか？　たしかにトーストは焼けなかった。だけど、いくつかの理由で、部分的には成功をおさめることはできたと僕は思っている。

第一に、今回のデモンストレーションでは誰も死ななかった。

第二に、僕のトースターは短い時間ながらも正しく発熱した。つまり、プラグでも、電源コードでも、フレームでもなく、発熱体が熱くなったということだ。というより、熱くなりすぎた。その点から言えば、僕は「成功しすぎた」と言えなくもない。

そして第三に、僕はこのプロジェクトを通じて、じつに多くのことを学ぶことができた。いつしか、このトースター・プロジェクトは僕自身の冒険物語へと変貌《へんぼう》を遂げた。そのメッセージ（なんのメッセージなのかは自分でもよくわからないけど）が、みんなに伝わってくれることを願ってやまないよ。

当初は、この試みがこんなにも多くの注目を浴びるとは思ってもみなかった。ましてや、それが日本語に翻訳されるなんて！　ちょうどいい機会だから、こないだ習った言葉を使わせてもらおう。どうもみなさん、ハジメマシテ！

もしもう一度トースターを作るとしたら、前回とは違う方法を試したいかと聞かれることがある。僕の答えは「もちろん！」だ。

具体的にはどのあたりを？

「全部！」

とにかく、多すぎるほどの失敗から僕はいくつもの教訓をえた。また実際にトースターを作るだけの無鉄砲さが今の自分にあるかどうかは別として、もう一度やるんだとしたら、230ボルトもの電力が一気にトースターに流れ込むのを防ぎ、段階的に電圧があがるよう、可変変圧器をつけようと頑張ると思う。あるいは、より安全でトースターにやさしい電圧を採用している国まで行って、駆動させてみてもいいかもしれない。例えば、日本あたりで！　そのときはどうぞよろしく。

それじゃ、読んでくれてどうもありがとう！

トーマス・トウェイツ
２０１２年４月17日
シュトゥットガルト、アカデミア・シュロス・ソリテュードにて

画像提供者一覧

p.82, p.111, p.147, pp.150-151

Nelly Ben Hayoun

p.57

Dover Publications

p.51, p.90, p.94, p.97, p.127, p.129

Simon Gretton

p.13

Home Retail Group PLC

pp.60-65

Austin Houldsworth

p.76

Xiaodi Huang and Jiann-Yang Hwang

p.49, p.89, p.144

NASA

p.29(上)

Christos Vittoratos

p.29(下)

Eric Norcross

pp.14-15, p.25, p.55, p.67, pp.80-81, p.124(下), p.131, p.153, p.166, pp.168-169

Thomas Thwaites

p.190-191

Thomas Thwaites with thanks to John Lewis Partnership

p.10-11, p.20, pp.46-47, pp.78-79, pp.84-87, pp.98-101, p.112, p.114, pp.121-123, p.124(上、中), pp.132-137, p.152, p.154-157, p.170-171, p.186-187

Daniel Alexander

# 解説

finalvent

『ゼロからトースターを作ってみた結果』は変わった本である。軽快な文章と興味深い数々の写真から、多くの知識を与えてくれる本だとも言える。ある種の感動も与えてくれる。だがそれよりも、読後、世界の見え方を変えてしまうところにこの本の特徴がある。一読した読者は、世界が微妙に変わっていることに気がつくだろう。身の回りの鉄製品やプラスチック製品、各種の工業製品への感性が変わる。おそらくこれから一生、その変わってしまった世界の中に生きることになる。

そういう言い方は少し大げさかもしれない。まるで人を洗脳するような妖《あや》しい本のように思えるかもしれない。だが逆に洗脳が解ける感じなのだ。それまでぼんやりとしていた世界がリアルになる。手に触れることができて、臭《にお》いを嗅《か》ぐことができて、時には痛みを与えるように実在感を増す。「本当にこれがここにあるんだ」というリアルなものに変わる。トースターはその最初の一例になる。朝食のとき、冷えた食パンを温め、焼き目を付ける普通のトースターがリアルな存在になる。それから身の回りの全体もリアルな存在に溢《あふ》れていることに気がついて、驚く。

　内容は難しくない。表題の『ゼロからトースターを作ってみた結果』が示すように、ゼロの状態からトースターを作った実録である。しかしそう言われても、「ゼロの状態からトースターを作る」という考えはなじみにくい。私たち現代人は、トースターが欲しいというときに自作はしない。家電店に行って購入するか、ネットの通販店でポチッとするかして手に入れる。そもそもトースターの作り方なんかわからない。どこかの工場の誰かが作ったトースターを購入して使うだけ（たぶん作ったのは中国人の陳さんと楊さんほか数十名だろう）。欲しいのはトースターであって、誰がどうやって作ったかには関心を持たないし、朝食に美味《おい》しい食パンが食べられるならそれでいいと思っている。そうして世界に対して自分の欲望に応《こた》える役割だけを求めて、リアルな存在を忘れていく。

　しかしトースターは確固とした存在なのである。手に触れることができる物質でできている。物質が材料になって、誰かがその材料をトースターというデザインで組み上げて出来て、そこに存在している。言葉で言うのは簡単だが実際にそのゼロの状態の材料からトースターを作ったら、それがくっきりとわかる。本書はだから、トースターを構成する5つの要素として、鉄、マイカ、プラスチック、銅、ニッケルという素材を取り上げ、それらを一人の若い英国人デザイナーが実際に作ってみた記録である。

まず鉄を作る。各人が自分の口を開いて「まず鉄を作る」と言ってみてほしい。言ってみて、その奇妙さに気がつくだろう。そもそも鉄を作るという考えにイメージがわかない。一生懸命イメージを描こうとすれば、小学生のころ公園の砂場に磁石を持っていって、砂鉄を集めたことを思い出すかもしれない。あの砂鉄を高熱で溶かせば鉄はできるはずだと考えてみて、どうやって鉄を溶かすのか。フライパンに入れて炒《い》ってみるか。いやフライパンがそもそも鉄ではないか。この滑稽《こっけい》な思考の面白さに取りつかれたら、あなたは本書にリアルな世界に招待されている。本書の面白さは、鉄がどうやって作られるかを知的に解説することではなく、普通の日常生活を送る現代人が、その生活の場から実際に鉄を作ってみる奇妙な実体験にある。

それでも、「ゼロから作る」という意味は曖昧《あいまい》でもある。そこで著者は3つのルールを決めた。1つ目は目標設定。完成品はトースターの役目をすればいいだけの代替物ではなく、普通に市販されているトースターに近いものとすること。2つ目は、地球が産出する原料を使うこと。3つ目は産業革命以前の手法を使うこと。

3つのルールが本書を独創的なものにしている。1つ目のルール「完成品はトースター」が重要なのは、トースターという存在を明確にしたことだ。冷めた食パンをトーストしたいだけなら百円ショップで売っている魚焼き網でもできる。実は私はこの機会にトースターの歴史を少し調べてみた。トースターが発明される以前は、魚焼き網のようなものが使われていたのだった。

2つ目のルール「地球が産出する原料を使うこと」は、著者をナマの地球に連れ出して冒険を強いることになる。このことで本書は冒険物語に変わる。そして冒険物語がそうであるように読者の心をわくわくさせる。

3つ目のルール「産業革命以前の手法」は、私たちの近代・現代という社会がどういう社会なのか、その社会の仕組みを暴露する。産業革命以前の世界と私たちの世界を結び直すことになる。難しい言い方をすれば、本書には現代世界の批評的な意味がある。環境とはなにか。工業生産とはなにか。この思索は本書の終わりでしんみりと展開され、ちょっと考えさせられ、哲学的な気分になる。

それと明示されてはいないが、本書にはこっそり第4のルールが存在する。「気が向いたらルール違反をしちゃえ」である。この最たる適用が、電子レンジを使った溶鉱炉の実験である。「レンジでチン」の普通の電子レンジが溶鉱炉になるのだ。理論的な説明は受け付けても実験を読むと本当に驚く。「うわー、これやってみたいぞ」と私のように思うかもしれないが、かなり危険なので当然お勧めできない。

とにかく鉄と呼べそうなものができ上がる。そうしたら次はマイカ。「雲母」とも呼ばれる鉱物である。これは採掘すればいいだけなので、冒険の話で終わる。「雲母」にしても「雲母」は、なんでも壊して分解しちゃう昭和の子供にはなつかしい一品である。電機部品のコンデンサーからゲットできる。薄いガラスのようなものである。夜店の型抜きを突くように慎重に慎重に薄く剝《は》ぐのがまた楽しい。

マイカの次はプラスチック。物質名はポリプロピレン。工業的には石油から作る。だから著者はルールどおり石油採掘から始めようとして、挫折《ざせつ》。しかたないので第4ルールで生物由来の「バイオプラスチック」に挑む。このあたりの話には直接的な示唆《しさ》はないが、現在の世界の「レジ袋」問題も連想される。レジ袋も分解されにくい化学物質であることから生態系に悪影響を与えているのだ。

あと2つ、銅とニッケルの話題が続くが、これまでの冒険に似てくることから、読者の便宜を考えてであろう、簡素な記述となる。かくして5つの主要素材を集めると、いよいよトースターを組み立てることになる。結果はどうか。

完成品はどのようなものか。この文庫カバーにも写真が掲載されているように、見るからにひどい代物《しろもの》である。食パンを入れる2つのスロットがある他は、とうていトースターには見えない。こんなものが作動するのか？　いや、作動は目的ではない。本書の創作過程を含めて一つの「アート（芸術）」の活動であったのだ。

著者はそもそもなんでトースターを作ろうとしたのか。2つの理由を挙げている。1つは「あると便利、でもなくても平気」という工業製品のシンボルだからだ。もう1つの理由はSF小説『ほとんど無害』（ダグラス・アダムス作）の一節からの着想である。技術的に未開の惑星に到達したSF小説の主人公アーサー・デントは、文明の知識をひけらかそうとしてもうまくいかず、こうつぶやく。

「自分の力でトースターを作ることはできなかった。せいぜいサンドイッチぐらいしか彼には作ることができなかったのだ」

本書の冒頭にも記されているこの言葉を14歳で読んで感銘をうけた著者は、「現代社会は人間を実践的能力から切り離しているという考えは新しいものではなく、そして多くの場合、否定的な意味を含んでいる」と記す。

なるほど。私たち現代人は高度な科学に基づく工業文明の社会に生きているがゆえに、その成果が自己の実践的な能力だと錯覚しがちだ。だが、実際の個々人は何もできない。しかし何もできない一人の人間であることが本書のように認識できたとき、世界と存在は圧倒的にリアルなものに変わる。

ところでなんで一介のブロガーがこんな解説を書いているんだろう？　しいていえば、著者のようにトースターの仕組みに素人《しろうと》ならではの素朴な関心をもって、同様に分解してみた経験があったからだろう（そんな理由でいいのか）。

著者はトースターを作るにあたり、トースターを分解し、そこで本書のように5つの要素に直面した。私はといえば、トースターを分解してみて、どうして焼き上がった食パンがトースターからポンと飛び出るかという仕組みがわかった……いや、そんな気がした。どうやら焼き上がりは、電灯線の周波数を使ったタイマー回路による時間で判別しているらしい。ポンと飛び出すのは、最初に押し下げたバネを留めていた電磁石のフックが、焼き上がりタイマーからの信号で、磁力を失って離れるからだ。そのほか、焼きムラがないようにする配線や、最適の温度になる電気抵抗の配備とか、いろいろ工夫されているらしいこともわかった。こうした仕組みを考えてきた人類の歴史もたぶんあるんだろう。

本書に示された好奇心を持って世界を見つめると、身近にあるさまざまな存在に、地球の資源や環境との関わり、工業技術のあり方が関わっていることが実感を伴ってわかってくる。それらを知ることで、私たちの生活はとてもリアルなものになる。たぶんトーストも、もっと味わい深くなる。

（平成二十七年八月、ブロガー）

本書は二〇一二年、飛鳥新社より『ゼロからトースターを作ってみた』として刊行された。

R・ウィルソン
茂木健一郎訳

四色問題

四色あればどんな地図でも塗り分けられるか？　天才達の苦悩のドラマを通じ、世紀の難問の解決までを描く数学ノンフィクション。

L・アドキンズ
R・アドキンズ
木原武一訳

ロゼッタストーン解読

失われた古代文字はいかにして解読されたのか？　若き天才シャンポリオンが熾烈な競争と強力なライバルに挑む。興奮の歴史ドラマ。

D・オシア
糸川洋訳

ポアンカレ予想

「宇宙の形はほぼ球体」!?　百年の難問ポアンカレ予想を解いた天才の閃きを、数学の歴史ドラマで読み解ける入門書、待望の文庫化。

B・ブライソン
楡井浩一訳

人類が知っていること　すべての短い歴史（上・下）

科学は退屈じゃない！　科学が大の苦手だったユーモア・コラムニストが徹底して調べて書いた極上サイエンス・エンターテイメント。

J・B・テイラー
竹内薫訳

奇跡の脳
―脳科学者の脳が壊れたとき―

ハーバードで脳科学研究を行っていた女性科学者を襲った脳卒中――8年を経て「再生」を遂げた著者が贈る驚異と感動のメッセージ。

R・カーソン
青樹簗一訳

沈黙の春

自然を破壊し人体を蝕む化学薬品の浸透……現代人に自然の尊さを思い起させ、自然保護と化学公害告発の先駆となった世界的名著。

スティーヴンソン
田口俊樹訳
**ジキルとハイド**

高名な紳士ジキルと醜悪な小男ハイド。人間の心に潜む善と悪の葛藤を描き、二重人格の代名詞として今なお名高い怪奇小説の傑作。

スティーヴンソン
鈴木 恵訳
**宝 島**

謎めいた地図を手に、われらがヒスパニオーラ号で宝島へ。激しい銃撃戦や恐怖の単独行、手に汗握る不朽の冒険物語、待望の新訳。

スタンダール
大岡昇平訳
**恋 愛 論**

豊富な恋愛体験をもとにすべての恋愛を「情熱恋愛」「趣味恋愛」「肉体的恋愛」「虚栄恋愛」に分類し、各国各時代の恋愛について語る。

スウィフト
中野好夫訳
**ガリヴァ旅行記**

船員ガリヴァの漂流記に仮託して、当時のイギリス社会の事件や風俗を批判しながら、人間性一般への痛烈な諷刺を展開させた傑作。

塩野七生著
ローマ人の物語 1・2
**ローマは一日にして成らず**
（上・下）

なぜかくも壮大な帝国をローマ人だけが築くことができたのか。一千年にわたる古代ローマ興亡の物語、ついに文庫刊行開始！

塩野七生著
ローマ人の物語 3・4・5
**ハンニバル戦記**
（上・中・下）

ローマとカルタゴが地中海の覇権を賭けて争ったポエニ戦役を、ハンニバルとスキピオという稀代の名将二人の対決を中心に描く。

塩野七生著
勝者の混迷
ローマ人の物語 6・7
(上・下)

ローマは地中海の覇者となるも、「内なる敵」を抱え混迷していた。秩序を再建すべく、全力を賭して改革断行に挑んだ男たちの苦闘。

塩野七生著
ユリウス・カエサル
ルビコン以前
ローマ人の物語 8・9・10
(上・中・下)

「ローマが生んだ唯一の創造的天才」は、大改革を断行し壮大なる世界帝国の礎を築く。その生い立ちから、〝ルビコンを渡る〟まで。

塩野七生著
ユリウス・カエサル
ルビコン以後
ローマ人の物語 11・12・13
(上・中・下)

ルビコンを渡ったカエサルは、わずか五年であらゆる改革を断行。帝国の礎を築き、強大な権力を手にした直後、暗殺の刃に倒れた。

塩野七生著
パクス・ロマーナ
ローマ人の物語 14・15・16
(上・中・下)

「共和政」を廃止せずに帝政を築き上げる——それは初代皇帝アウグストゥスの「戦い」であった。いよいよローマは帝政期に。

塩野七生著
ローマ人の物語 17・18・19・20
悪名高き皇帝たち
(一・二・三・四)

アウグストゥスの後に続いた四皇帝は、同時代の人々から「悪帝」と断罪される。その一人はネロ。後に暴君の代名詞となったが……。

塩野七生著
危機と克服
ローマ人の物語 21・22・23
(上・中・下)

一年に三人もの皇帝が次々と倒れ、帝国内の異民族が反乱を起こす——帝政では初の危機、だがそれがローマの底力をも明らかにする。

塩野七生著
ローマ人の物語 24・25・26
# 賢帝の世紀
（上・中・下）

彼らはなぜ「賢帝」たりえたのか——紀元二世紀、ローマに「黄金の世紀」と呼ばれる絶頂期をもたらした、三皇帝の実像に迫る。

塩野七生著
ローマ人の物語 27・28
# すべての道はローマに通ず
（上・下）

街道、橋、水道——ローマ一千年の繁栄を支えた陰の主役、インフラにスポットをあてる。豊富なカラー図版で古代ローマが蘇る！

塩野七生著
ローマ人の物語 29・30・31
# 終わりの始まり
（上・中・下）

空前絶後の帝国の繁栄に翳りが生じたのは、賢帝中の賢帝として名高い哲人皇帝の時代だった——新たな「衰亡史」がここから始まる。

塩野七生著
ローマ人の物語 32・33・34
# 迷走する帝国
（上・中・下）

皇帝が敵国に捕囚されるという前代未聞の不祥事がローマを襲う——。紀元三世紀、ローマ帝国は「危機の世紀」を迎えた。

塩野七生著
ローマ人の物語 35・36・37
# 最後の努力
（上・中・下）

ディオクレティアヌス帝は「四頭政」を導入。複数の皇帝による防衛体制を構築するも、帝国はまったく別の形に変容してしまった——。

塩野七生著
ローマ人の物語 38・39・40
# キリストの勝利
（上・中・下）

ローマ帝国はついにキリスト教に呑込まれる。帝国繁栄の基礎だった「寛容の精神」は消え、異教を認めぬキリスト教が国教となる——。

**ギリシア神話を知っていますか**　阿刀田高著

この一冊で、あなたはギリシア神話通になれる！　多種多様な物語の中から著名なエピソードを解説した、楽しくユニークな教養書。

**旧約聖書を知っていますか**　阿刀田高著

預言書を競馬になぞらえ、全体像をするめにたとえ――「旧約聖書」のエッセンスのみを抽出した阿刀田式古典ダイジェスト決定版。

**新約聖書を知っていますか**　阿刀田高著

マリアの処女懐胎、キリストの復活、数々の奇蹟……。永遠のベストセラーの謎にミステリーの名手が迫る、初級者のための聖書入門。

**シェイクスピアを楽しむために**　阿刀田高著

読まずに分る〈アトーダ式〉古典解説シリーズ第七弾。今回は『ハムレット』『リア王』などシェイクスピアの11作品を取り上げる。

**コーランを知っていますか**　阿刀田高著

遺産相続から女性の扱いまで、驚くほど具体的にイスラム社会を規定するコーランも、アトーダ流に噛み砕けばすらすら頭に入ります。

**源氏物語を知っていますか**　阿刀田高著

原稿用紙二千四百枚以上、古典の中の古典。あの超大河小説『源氏物語』が読まずにわかる！　国民必読の「知っていますか」シリーズ。

# ゼロからトースターを作《つく》ってみた結《けつ》果《か》

新潮文庫　シ－38－22

*Published 2015 in Japan
by Shinchosha Company*

平成二十七年十月一日発行
令和六年九月十日九刷

訳者　村《むら》井《い》理《り》子《こ》
発行者　佐藤隆信
発行所　株式会社新潮社

郵便番号　一六二―八七一一
東京都新宿区矢来町七一
電話　編集部(〇三)三二六六―五四四〇
　　　読者係(〇三)三二六六―五一一一
https://www.shinchosha.co.jp

価格はカバーに表示してあります。

乱丁・落丁本は、ご面倒ですが小社読者係宛ご送付ください。送料小社負担にてお取替えいたします。

印刷・錦明印刷株式会社　製本・錦明印刷株式会社

ISBN978-4-10-220002-5 C0198